高等职业教育新形态精品教材

短视频剪辑技术

主　编　邓　律　李　丹

副主编　陈晓雪　刘　延

参　编　陈　杨　王源鑫　赵奎栋　文　金

　　　　邹景隆　李建锦　何洪池

主　审　曾　诚　袁　方

LOADING

北京理工大学出版社
BEIJING INSTITUTE OF TECHNOLOGY PRESS

内 容 提 要

本书紧紧围绕高素质技术技能人才培养目标，对接专业剪辑师标准和大学生影视作品大赛评价标准，结合生产实际中需要掌握的剪辑理论与技巧、不断更新优化的剪辑技术和需要具备的剪辑素养，编写而成。本书分为素材组合——音乐短片剪辑、片段叙事——微电影剪辑、结构调度——纪录片剪辑、行为引导——预告片剪辑4个项目，每个项目以不同类型的影视作品剪辑作为项目，循序渐进地培养剪辑能力。本书以工作页式工单为载体，强化项目导学、自主探学、合作研学、展示赏学、检测评学，在课程、学生地位、教师角色、课堂、评价等方面全面改单，在评价体系中强调以立德树人为根本、以素质教育为核心，突出技术应用，强化学生创新能力的培养。

本书可以作为高等院校和技术应用型本科院校广播影视类专业教材，也可以作为企业技术人员的参考书。

版权专有　侵权必究

图书在版编目（CIP）数据

短视频剪辑技术 / 邓律，李丹主编. -- 北京：北京理工大学出版社，2022.8（2022.11重印）
ISBN 978-7-5763-1628-5

Ⅰ.①短… Ⅱ.①邓… ②李… Ⅲ.①视频编辑软件
－高等学校－教材 Ⅳ.①TN94

中国版本图书馆CIP数据核字（2022）第153434号

出版发行 / 北京理工大学出版社有限责任公司
社　　址 / 北京市海淀区中关村南大街5号
邮　　编 / 100081
电　　话 / （010）68914775（总编室）
　　　　　　（010）82562903（教材售后服务热线）
　　　　　　（010）68944723（其他图书服务热线）
网　　址 / http://www.bitpress.com.cn
经　　销 / 全国各地新华书店
印　　刷 / 河北鑫彩博图印刷有限公司
开　　本 / 889毫米×1194毫米　1/16
印　　张 / 14　　　　　　　　　　　　　　　　责任编辑 / 钟　博
字　　数 / 370千字　　　　　　　　　　　　　　文案编辑 / 钟　博
版　　次 / 2022年8月第1版　2022年11月第2次印刷　责任校对 / 刘亚男
定　　价 / 78.00元　　　　　　　　　　　　　　责任印制 / 王美丽

前言
PREFACE

"视频剪辑技术"课程是广播影视类专业的一门专业核心课程。为建设好该课程，编者认真研究专业教学标准和职业岗位标准，开展广泛调研，联合企业制定了毕业生所从事岗位（群）的《岗位（群）职业能力及素养要求分析报告》，开发了《专业人才培养质量标准》，组建了校企合作的结构化课程开发团队编写活页式教材。本书编写以生产企业实际项目案例为载体、以任务为驱动、以工作过程为导向，进行课程内容模块化处理，以"项目＋任务"的方式，开发工作页式工单，注重课程之间的相互融通及理论与实践的有机衔接，形成了多元多维、全时全程的评价体系，并基于互联网，融合现代信息技术，配套开发了丰富的数字化资源。

本书基于"厚人文，重思维，精技术"的教学理念，以对接典型工作任务的岗位能力为主线，充分融合技术能力培养、审美能力提升、课程思政贯穿三个层面，围绕"音乐、美术、文学、心理"剪辑素养四要素，培养"审美、逻辑、表现、共情"能力。本书中素材组合、片段叙事、结构调度、行为引导分别对应音乐短片剪辑、微电影剪辑、纪录片剪辑、预告片剪辑4个项目，培养学生的剪辑能力。

本书采用"双主编""双主审"制，由四川国际标榜职业学院邓律和OST传媒公司李丹联合担任主编，由四川国际标榜职业学院曾诚和OST传媒公司袁方联合担任主审。每一项目内容由企业人员和学校教师联合编写。具体编写分工为：四川国际标榜职业学院邓律、陈晓雪和OST传媒公司刘延联合设计教材整体内容与编写体例；四川国际标榜职业学院邓律、陈杨和OST传媒公司李丹联合编写项目一、二、三、四；四川国际标榜职业学院陈杨、王源鑫、赵奎栋和OST传媒公司刘延、邹景隆、李建锦，崇州融媒体中心何洪池联合建设微课资源；四川国际标榜职业学院邓律、陈杨、文金联合编写课程思政内容。

由于本书涉及内容广，编者水平有限，书中难免存在疏漏及不妥之处，敬请广大读者批评指正。

编　者

目录

CONTENTS

项目一
素材组合——音乐短片剪辑

项目简介

随着新媒体的发展，音乐短片的制作越来越流行。它从最开始为唱片所做，逐步发展为记录日常生活的 Vlog。音乐是一种艺术形式，它自身就具有很强的感染力。因此，在为音乐短片做后期剪辑工作时，必须深入理解音乐内涵，准确把握主题，运用剪辑的编辑思维与技巧技术，突出主题，表达情感。本项目我们将以歌剧《今夜无人入睡》为命题音乐，充分调动大家对音乐的感受能力，训练素材组合的能力，完成剪辑工作，达到艺术表达效果。在本次项目实践过程中将训练音乐短片的编辑思维，掌握音乐短片的常用剪辑技巧，并能举一反三，剪辑不同类型的音乐短片。

项目描述

以任意题材，给歌剧《今夜无人入睡》剪辑一个音乐短片。要求主题明确，结构清晰，具有一定感染力。

学习目标

一、知识目标

1. 了解音乐短片的概念、发展、特点；了解音乐风格和中国元素；了解流畅剪辑的概念；了解中华书法之美；了解音乐的概念、中国音乐的发源；了解新媒体的概念和特点；了解短视频的概念和特点。

2. 掌握音乐的欣赏方法；掌握音乐在传媒编辑中应用的原则；掌握剪辑的核心要素；掌握音乐短片的剪辑特点；掌握"起承转合"的叙事章法；理解素材的共情；掌握思维导图使用方法；掌握流畅剪辑技巧；掌握画面与音乐情感匹配的方法；掌握剪辑节奏概念；掌握观影心理与剪辑节奏的关系；掌握踩点剪辑技巧；掌握常用字体的气质；掌握片名的排版原则；掌握歌词的排版技巧；掌握剪辑岗位工作能力要求。

二、能力目标

1. 具备较强的音乐感知能力。

2. 具备较强的音乐短片剪辑主题的挖掘与设计能力；具备较强的音乐短片剪辑结构的设计能力；具备在音乐短片剪辑中正确挑选素材的能力；能对音乐短片进行熟练流畅的剪辑；具备较强的音乐短片剪辑节奏的处理能力；能熟练操作常用转场效果技术；具备为音乐短片选择恰当字体的能力；具备片头和歌词的字幕排版基础能力；能熟练操作字幕添加技术。

3. 具备对音乐短片的剪辑进行正确评价和鉴赏的能力；具备恰当运用所学知识剪辑其他音乐短片的能力。

三、素养目标

1. 提升审美能力；培养文化自信；厚植家国情怀；弘扬中华优秀传统文化；培养批判吸收西方文化，发展民族文化意识。

2. 培养吃苦耐劳、勇于奉献的革命精神。

3. 培养全局意识；具备规范操作及安全意识；培养细心、静心、耐心；具备版权意识；培养精益求精的工匠精神。

4. 弘扬社会主义核心价值观；培养影视从业者的社会责任感。

5. 培养举一反三、合作沟通的能力。

知识准备

一、知识概念

（一）主题确定

（1）音乐短片的概念和特点。音乐短片又称为 MV（Music Video），是指配合音乐（多为歌曲）的短片，现代音乐短片主要是为了宣传音乐唱片而制作的。当音乐和视觉画面结合在一起时，不是以独立的艺术音乐的姿态出现，而是作为电影电视综合艺术的一个要素与其他要素结合而发挥作用。随着数字时代的到来，观众对最初的纯音乐和电视画面的简单结合已不满足，逐渐站在审美的角度来审视音乐电视的艺术性和感染力，发展出故事型、片段型、舞台型等音乐短片分类。

（2）音乐短片的发展。1926 年，音乐短片由法国发明，但在法国没有发现 MV 的样品，1928 年首次出现在美国，并发展到世界各地。中国的音乐短片从 1990 年开始登场，张国立拍摄了我国首支

MV《感觉自己》。1993 年，中央电视台与地方电视台合作拍摄了李丹阳演唱的《穿军装的川妹子》等多部 MV 作品。1994 年，在中央电视台《东方时空金曲榜》栏目投资拍摄了《中国民歌经典》MV 系列 100 首和《中国民族经典歌曲》MV 系列 50 首，以老歌新唱的方式开始了 MV 的规模化生产，到 1996 年逐渐发展成熟。

（3）音乐的概念。音乐是一种艺术形式，是通过某种介质按照某种规律产生出的一连串的声音，用以表达人们的思想感情、反映社会生活。它的基本要素包括强弱、调性、时长、音色等。它的形式要素包括节奏、曲调、和声、力度、速度、调式、曲式、织体等。

（4）音乐与剪辑的关系。视听艺术离不开画面和声音，而音乐是声音设计的重要组成部分。在剪辑中，首先要明确剪辑对象的主题与音乐的情感表达一致，其次是要把握剪辑的节奏与音乐的节奏。因此，对音乐的了解与认识有利于剪辑的创作。

（5）文学作品的主题范畴。文学作品的主题是普遍共有的经验，容易让人产生共鸣，具有一定的时代感。例如，中国古代文学的主题往往是怀古、悲秋、思乡、生死、报国等。但是，无论哪个时代，也无论中外，文学主题大都关注人性的、社会的诸多问题。常见的主题如下。

1）战争与和平。该主题或展现乱世纷争，英雄辈出，又或表现人在战火纷飞中挣扎求生，祈祷和平，对战争的批判，如《三国演义》《亮剑》《珍珠港》。

2）爱。爱是古今中外恒久的话题，主要包括亲情、友情、爱情及家国情怀的大爱，如《梁祝》《傲慢与偏见》《背影》。

3）善与恶。对于人性的善与恶也是作家常常思考和关注的，如《故乡》《变成》《追风筝的人》。

4）生命。生死问题是人类普遍关注的问题——从哪里来到哪里去？什么是生？什么是死？生命的意义何在？如《活着》《生命的意义》。

5）成长。成长充满了挫折与艰辛，往往作为励志题材鼓舞观众，或温暖，或激情，如《钢铁是怎样炼成的》《童年》。当然，这些题材会有交叉且相互融合。

（二）结构设计

（1）剪辑的核心要素。剪辑主要完成两个工作。一是连接单独的镜头。组接镜头需要注意画面的内容逻辑、生活逻辑和思维逻辑，即需要注意故事情节的逻辑、人物关系的逻辑、时间与空间进行转换时的逻辑。二是通过连接镜头叙事。在日常生活中，人们观察事物时总是由远及近或由大到小，或反过来观察，于是在剪辑中就有了前进式、后退式镜头组合来叙事的方式。

（2）音乐短片的剪辑特点。在剪辑的整体结构设计上要具有叙事表意的逻辑，在镜头组合的处理上要流畅，做到"形散而神不散"。所以，音乐短片剪辑的关键是紧紧抓住主题表达和情感抒发的"魂"。

（3）叙事剪辑特点。叙事剪辑是以讲述故事为主的剪辑手法。它相当于文学创作中的描写和叙述，目的是说明情节，展示事件的发展。叙事剪辑重视镜头的记录、揭示功能。不是靠文字解释，而是靠画面叙述故事。其剪辑特点如下。

1）时空逻辑原则。通过剪辑将不同的时空结合在一起，有时间上的连续感，空间上的整体感。一般可分为起因、经过、高潮、结果进行。

2）生活逻辑原则。镜头和镜头的组合，段落和段落的组接符合常识。从叙事剪辑的特征来看，叙事剪辑的组合方式表现在 3 个方面，即按时间顺序组接、按空间顺序组接、按因果关系或呼应组接。这三个顺序在剪辑时不一定孤立，经常交叉。

（4）表意剪辑特点。表意剪辑是以加强艺术表现力和情绪感染力为主要目的的剪辑。它通过前后镜头形式和内容的相互对比、联想，给观众留下深刻的印象，从而形成单个镜头本身并不具备的深层次含义。它不以叙述故事为最终目的，而是用于视觉和听觉的象征性感情表意方法，直接深入事物，表现感情，丰富哲理，明确意义。因此，它不再遵循事件的发展顺序，而是以某个立意点排列素材。

（三）素材选取

（1）音乐风格。音乐风格也就是曲风，是指音乐作品整体呈现的具有代表性的独特姿态。曲风与其他艺术风格相似，通过歌曲可以更本质地反映时代、民族或音乐家个人的思想观念、审美理想、精神气质等内在特征的外部标志。如《故宫的记忆》，随着历史叙述的起伏，改变了节奏，低沉的打击乐仿佛敲响了大明永乐朝的钟声，舒展的小提琴协奏在琴弦声中诉说着一个经历了世代变迁的文明曾经有过的光辉。其中不仅有钢琴、电子琴、小提琴、爵士鼓等西洋乐器，同时，使用中国五音调式和民族元素、民族风格的音乐，所以有中国文化的强烈感觉。

（2）中国元素。凡是在中华民族融合、演化与发展过程中逐渐形成的，由中国人创造、传承，反映中国人文精神和民俗心理，具有中国特质的文化成果，都是中国元素，包括有形的物质符号和无形的精神内容。中国元素分为三部分，第一是中国固有元素，如中国的领土（包括领海）、中国的人种、中国的气候等；第二是中国传统文化元素；第三是中国的现代文化元素，比如北京的奥运精神、中国的航天精神、中国的电影文化、中国著名企业的文化等。

（四）垒材初剪

（1）流畅剪辑的概念。流畅剪辑又称为零度剪辑风格，是剪辑的基本要求，目的是看不出剪辑的痕迹。这就需要在组接镜头时，必须符合观众的思想方式和影视表现规律及符合生活的逻辑、思维的逻辑。

（2）流畅剪辑的技巧。

1）动静组接技巧。

①"动接动"原则。"动接动"原则中的"动"镜头包括两种类型：一种是指外部运动，也就是运动镜头；另一种是内部运动，也就是固定镜头中的主体在运动。

②"静接静"原则。所谓静镜头，一般是指固定镜头及镜头的画面内主体是静止的。内容相关性：画面内容一致、主题一致的可以组接在一起。例如，都是看书的静镜头，可以组接在一起。长度一致性：画面内是静止（相对静止）物体时，画面长度一致，固定镜头的剪辑时长都一样。

2）"静""动"组接原则。"静""动"组接原则要看两个镜头之间的关系，根据不同的运动镜头形式有不同的处理方法。但是，我们不必记住这些烦琐刻板的规则，只需要灵活掌握一个原则——两个镜头的连接点是相对静态还是动态。如果一个运动镜头接上固定镜头的内容是运动的，并且这个动势有某种和谐，那组接的结果仍然是流畅的。其中，这个和谐既是形式上的，也可以是含义上的。如"运动的车＋车慢慢停了＋红绿灯变换"，车停了与交通灯颜色的转换之间就有某种和谐。

3）匹配原则。上下镜头中人物的位置、动作、视线应该统一或呼应，以保持视觉上的连贯和符合生活中的逻辑与心理感受。其包括位置匹配、方向匹配、色调与影调匹配、声音匹配等。

（3）画面与情感的匹配。音乐艺术最为重要的美学特征是它的情感性。而画面在匹配情感的过程中，会不可避免地涉及符号、人物动作、语言等。画面与情感的匹配过程实际上也是符号选择、重新组接和传递的过程。音乐的情感可以借助这些可感知的物质符号，让观众理解其意思，起到不可估量的作用。如音乐短片《河西走廊之梦》的2分10秒~3分30秒，导演用了一分多钟的时间讲述了从张骞出使西域到探险者踏上这片古老大地的千年缩影。画面呈现了这段不同时期、不同群体在这同一片土地上发生的事情后，镜头一切，变成空镜头，配上文字："这一切，激情与梦想，喜悦与悲伤，重复轮回"。而画面呈现的空镜头大范围延时摄影展现的不仅是河西走廊的风景变化，更以时间的流转来印证字幕的情绪。炳灵寺的朝阳、黑水国的落日、古老遗迹的荒凉、石窟的震撼……每个片刻组成了永恒，构筑成河西走廊之梦。

（五）节奏调整

（1）剪辑节奏。剪辑节奏是通过使用剪辑手段处理电影、电视的结构和镜头长度而形成的节奏、节律。它主要受两个方面的影响：剧情内部的情绪起伏、镜头外部的组接频率。观看一部影视作品时，我们能够明显地感知它是舒缓的慢节奏还是紧张的快节奏。而无论快慢，除剧情本身的情绪因素外，剪辑可以很好地表达节奏：一是单个镜头时间的长短；二是观众期待的内容变化。

（2）观影心理与剪辑节奏的关系。镜头的切换要与兴趣中心的转移同步。流畅的剪辑要求恰到好处地停止和开始（剪辑点），它的主要依据是观众的兴趣度。这有两层含义：其一，他们还感兴趣吗？——对上一个镜头内容的兴趣能维持多长时间？其二，他还会对什么感兴趣吗？——对下一个镜头内容有无期待？宽容度有多少？找到情绪爆发点，将转折的画面放到该点上，将冲突与矛盾推向此点之前。例如，音乐短片《河西走廊之梦》在最开始的时候，每个镜头时长为4~5秒，主要呈现河西走廊的地貌景观，在副歌部分则以几帧一个画面的速度快速切换。这与音乐本身表达的情绪相符，紧紧抓住观众，将观众带入河西走廊深邃的历史底蕴。

（六）蒙太奇应用

（1）蒙太奇。"蒙太奇"是法语的音译，源于建筑，原义是"构成"和"装配"。在影视创作中这个词是"剪辑""组合"的意思。它可以是声音与画面的组合、画面与画面的组合，进而反映特定的内容或外化情感。中国电影出版社的《电影艺术词典》中提到，蒙太奇论者的共识是：镜头的组合是电影艺术感染力之源，两个镜头的并列形成新特质，产生新含义。蒙太奇思维符合思维的辩证法，即揭示事物和现象之间的内在联系，通过感性表象理解事物的本质。

（2）隐喻蒙太奇的概念和特点。隐喻蒙太奇是将镜头和场景的对列进行类比，以含蓄的形象表现出作者的寓意。其往往基于故事发展的需要，创作者通过镜头内容之间的一些关联设计，使想要表达的某种意思隐喻地呈现出来。如战国时期屈原所写的《九章橘颂》便使用了托物言志的手法。这首诗表面上歌颂橘树，实际是屈原对自己理想和人格的表白，用拟人的手法塑造了橘树的美好形象，侧面描绘和赞颂橘树，借以表达自己追求美好品质和理想的坚定意志。如在普多夫金的影片《母亲》中，一组工人示威游行的镜头与春天冰河水解冻的镜头组接在一起，恰当地隐喻了冬去春来，革命一定会取得胜利。隐喻蒙太奇将巨大的概括力和极度简洁的表现手法相结合，往往具有强烈的情绪感染力。再如，爱森斯坦导演的影片《战舰波将金号》中影响最深远的段落就是在全剧的高潮点把三个不同姿势的石狮的镜头剪辑组合在一起，形成了"石狮怒吼"的形象，使电影的情绪感染力达到高潮。先是躺着的石狮，然后是抬起头的石狮，最后是前脚跃起吼叫着的石狮，这个隐喻蒙太奇蕴含着人民对冷酷残暴的沙皇制度的愤怒已达到忍无可忍的地步的全部寓意。

（3）抒情蒙太奇的概念和特点。抒情蒙太奇是在一段连续的叙事和描写中恰当地加入一个空镜头，表现出超越剧情之上的思想和情感。它通过镜头的组接给观众带来一种联想或感叹，能够渲染出一番诗意。法国电影导演让·米特里这样说：抒情蒙太奇的本意既是叙述故事，也是绘声绘色的渲

染，并且更偏重于后者。最常见、最容易被观众感受到的抒情蒙太奇，往往在一段叙事场面之后，恰当地切入象征情绪情感的空镜头。

（七）字幕添加

（1）字体的气质。字体的气质体现在其完美的外在形式和丰富的内涵中。汉字字体设计既是视觉上的装饰设计，也是文字内涵的视觉化传达，其中包含了文字内容及其表现主题的感情色彩。如宋体具有时尚、高端、文化的气质；黑体具有运动、综艺、科技的气质；圆体具有优雅、活泼的气质。

（2）中国人常说"字如其人"，这句话的意思是说书法是人的心理描绘，是以线条来表达和抒发作者情感心绪变化的。对"字如其人"可以从以下几个方面来认识和理解：字，是人体生命的对应；字，是书者志向的外化；字，就是书写人的意志、情趣、追求；字，是书者心境的表白；字，是书者情绪的流露；字，是书者人品的写真。

（3）中国书法之美，源于中国汉字之美。汉字，是中国文化的最小单元，又是中国文化的最高代表。卫恒《四体书势》说："昔在黄帝，创制造物。有沮诵、仓颉者，始作书契，以代结绳，盖睹鸟迹以兴思也。因而遂滋，则谓之字。"汉字有六义：曰指事，曰象形，曰形声，曰会意，曰转注，曰假借。汉字的创造、使用、演变、发展和无穷组合，造就了中国文化的辉煌灿烂和博大精深，造就了五千年一以贯之的中华文明。我国书法历史悠久，大致可分为真、草、隶、篆、行五种。真书之美，是正大光明、仪态万方的包容之美；草书之美，是灵动流畅、千姿百态的变化之美；隶书之美，是厚重凝聚、庄严典雅的宁静之美；篆书之美，是奇正相生、逶迤盘旋的活力之美。

二、方法工具

（一）主题确定

音乐应用的原则如下：

（1）国内与国外的区别。用国内还是国外音乐取决于其和主题表达是否违和。

（2）经典与流行的区别。经典音乐具有时代性特征，例如，《东方红》《走西口》《智取威虎山》这些经典的音乐，能够非常有针对性地代表相关事件。流行音乐的主要特点是实效性，《爱情鸟》可以表现 20 世纪 90 年代初的情感故事，可与表现的时期紧密结合。

（3）民间与官方的区别。这与音乐创作背景和使用场景有关。例如，在婚礼上使用《好日子》肯定不合适，因为这首曲子描绘的是改革开放十几年，老百姓过上幸福生活的喜悦心情。

（二）结构设计

起承转合的行文结构是旧时写文章常用的行文的顺序，最早出现在"八股文"中。起——开端：总领全篇，引出下文；承——发展：设置伏笔，酝酿情绪；转——高潮：情绪爆发，解决矛盾，是事件与情感的转折点；合——结局：收束全文，点明主题。

（三）素材选取

（1）头脑风暴法。在小组讨论时，小组长要尽力创造融洽轻松的气氛，发言没有对与错，尽量激发大家发表意见。讨论时应遵循以下四大原则。

1）自由畅想，异想天开，畅所欲言。

2）讨论过程不允许被打断，更不许被批判，取舍放到最后一起讨论。

3）以量求质，数量保证质量。

4）鼓励借鉴创意，从而由灵感引发灵感。

（2）挑选思路与画面提炼。思维导图本质上是为了引导思维而画的草稿图。思维导图通常用在以下情境中：建立知识框架，理清内在逻辑；激发创意，提高创造力；发散思维，改变传统思维习惯；分析问题，做出决策；归纳总结，如做读书笔记、学习笔记之类。在剪辑创作中，挑选素材时常常用到思维导图，它可以发散思维，也可以理清逻辑，便于从思维导图的关键词中找到具体内容和具体场景。图 1-1 所示为音乐短片《河西走廊之梦》素材选取的思维导图。

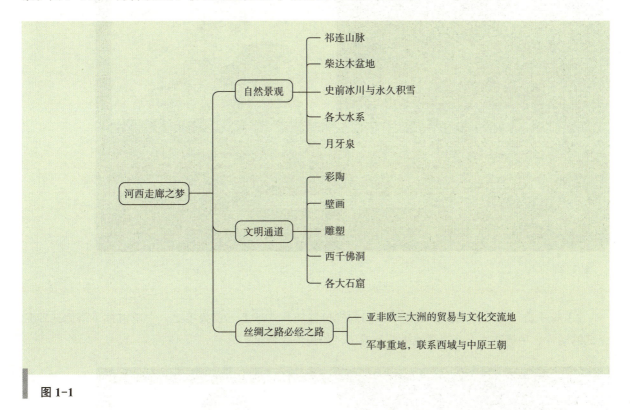

图 1-1

（3）沉浸式感受。沉浸式感受是指在当前的目标（由设计者设计的）情况下感到喜悦和满足，忘记了真实世界的状况。沉浸式体验是积极的心理体验，在个人沉浸其中的时候会得到很大的喜悦，从而促使个人反复进行同样的活动而不会厌倦。

（四）垫材初剪

1. 歌词转化层级

（1）低级。完全按照字面意思进行画面的转化。

（2）中级。通过歌词表达的意思进行情感转化。

（3）高级。通过对歌词的理解，结合其主题内涵的表达进行意境转化。画面与歌词情感匹配，切忌看图说话。因此，按照字面意思匹配画面的剪辑方法尽量少用，更多的是结合上下文，根据主题表达，通过情感上的逻辑来进行画面组接。

视频：无缝剪辑效果

2. 软件操作演示

（1）无缝剪辑效果制作。利用无缝剪辑可以制作一些很有趣的创意视频，如变魔术、穿越、消失等。下面以人物瞬间换装为例，介绍制作过程。

操作步骤如下：

1）使用 Adebe Premiere（以下简称 Pr）打开素材，找到人物手部动作和位置相近的镜头，一帧一帧播放，停止于人物手部下滑四分之一处，选择"剃刀"工具切开，如图 1-2 所示。

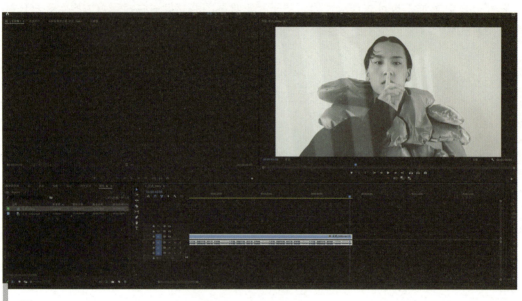

图 1-2

2）将手势一样的部分，在同样动作的同样位置切开，与上一镜头接上，手部继续下滑完成四分之三的动作，手势动作无缝衔接效果就完成了，如图 1-3 所示。

图 1-3

（2）淡入淡出效果制作。淡入淡出是影视剪辑创作中时间或空间转换的一种技巧。在音乐短片中，淡入通常表示一个段落的开始，淡出表示一个段落的结束，能使观众产生完整的段落感。"淡"本身节奏舒缓，具有抒情意味，在剪辑时能够形成富有表现力的节奏变化。

视频：淡入淡出效果

操作步骤如下：

方法一：

1）选中视频，打开"效果控件"选项卡，将不透明度打上关键帧，如图1-4所示。

图1-4

2）在淡入的位置打上关键帧，设置透明度为100%；在开始的位置打上关键帧，设置透明度为0%，如图1-5所示。

图1-5

3）在淡出位置的前几秒打上关键帧，设置透明度为100%，如图1-6所示。

图1-6

4）结束位置打上关键帧，设置透明度为0%，可以通过调整关键帧的距离来调整淡入淡出的速度，如图1-7所示。

图1-7

方法二：

1）在"效果控件"选项卡中选择"视频过渡"→"溶解"→"黑场过渡"选项，如图 1-8 所示。

2）用鼠标将此效果拖到淡入或淡出的位置，调整淡入淡出的速度。

3）可以直接拖动视频中的效果来控制时间长短。

4）单击序列里的"黑场过渡"效果，可以调整从中心切入、起点切入和终点切入，如图 1-9 所示。

图 1-8

图 1-9

方法三：

1）拉高视频轨道，用鼠标右键单击视频。

2）选择"显示剪辑关键帧"→"不透明度"选项，视频会出现一条横线，这条横线即代表不透明度，如图 1-10 所示。

图 1-10

3）按住 Ctrl 键不松手，单击鼠标左键可以设置关键帧，在淡入淡出位置设置两个关键帧，拉低一个关键帧到最下方（即透明度为 0%）。

4）左右拉动可调整淡入淡出时间长度。

（3）分屏效果制作。分屏效果有多种制作方法，此处以最常用的线性擦除为例进行讲解。在音乐短片的剪辑中，分屏效果多用来呈现丰富的内容，应用场景广泛，需结合具体内容合理使用。

视频：分屏效果

操作步骤如下：

1）将想要分屏的素材分别置于 V1、V2 轨道上，如图 1-11 所示。

图 1-11

2）在效果面板中搜索"线性擦除"，拖至 V2 轨道，调整"过渡完成"与"擦除角度"两个参数，打上关键帧，找到自己喜欢的区域与角度，如图 1-12 所示。

图 1-12

3）可在"效果控件"选项卡中调整运动属性，实现左右移动或调整羽化值，让边缘过渡自然，如图 1-13 所示。

图 1-13

（4）宽屏遮幅效果制作。遮幅效果也就是我们观看影视作品时常说的上下黑边，这种效果可以使作品更具电影感。随着音乐短片的不断发展，后期制作时利用遮幅营造电影质感也已成为主流。

视频：宽屏遮幅效果

操作步骤如下：

1）新建颜色遮罩，选择黑色，如图 1-14 所示。

图 1-14

2）在效果面板中搜索"裁剪"，拖到遮罩上，如图 1-15 所示。

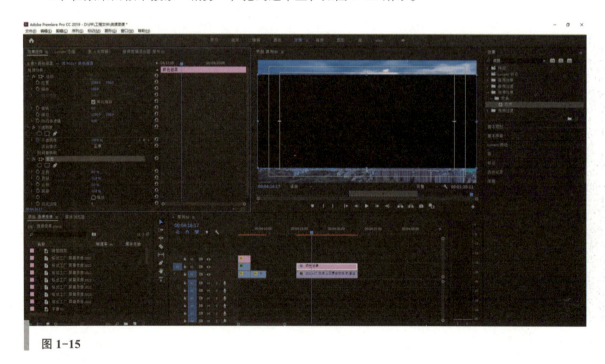

图 1-15

3）在"效果控件"选项卡中将上方和下方的裁剪数值设置为需要的大小，本案例中为 11.8。

4）选择"反转"效果，拖到遮罩上，如图 1-16 所示。

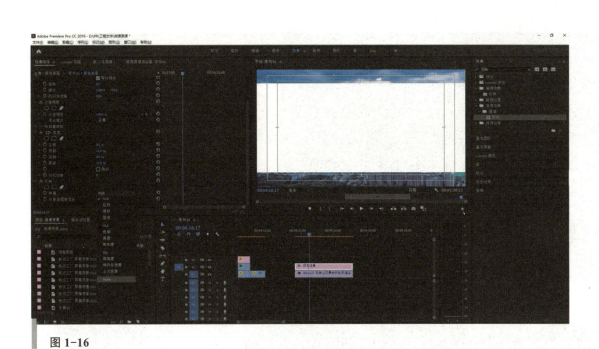

图 1-16

5）在"效果控件"选项卡中选择"声道"→"Alpha"选项，如图 1-17 所示。

图 1-17

（5）人物瞳孔转场。人物瞳孔转场具有一种特殊的高级感，如有人和你说："你在我的眼里就是全世界"，瞳孔转场就派上用场了。我们通常配合关键帧的属性设置和动态模糊营造一种穿越感，以放大穿越效果。

操作步骤如下：

1）找到合适的睁眼瞬间的视频素材，在睁眼的位置单击鼠标右键，在弹出的快捷菜单中选择"添加帧定格"命令，如图 1-18 所示。

视频：人物瞳孔
转场效果

图 1-18

2）在定格帧视频上开始，将位置、缩放都打上关键帧，然后移动到视频后方，再调整到眼睛合适的大小和位置打上关键帧，如图 1-19 所示。

图 1-19

3）在"效果控件"选项卡中选择"不透明度"→"蒙版"选项，创建椭圆形蒙版，用蒙版遮住眼珠。调整好位置后勾选"蒙版扩展"→"已反转"复选框，如图 1-20 所示。

图 1-20

4）将做好的视频拖到 V2 轨道。在 V1 轨道放入风景视频素材，如图 1-21 所示。

图 1-21

5）在上方视频结束位置继续添加关键帧。在"效果控件"选项卡中调整"运动"→"位置""缩放"参数。继续放大到风景出现，人眼消失，如图 1-22 所示。

图 1-22

视频：故障转场效果

（6）故障转场效果制作。故障转场效果在音乐短片中的应用广泛，多用于回忆与现实的过渡，例如，一些爱情主题的音乐短片呈现情侣往日时光时，故障转场是可选的重要手段。

操作步骤如下：

1）在项目面板中单击鼠标右键，在弹出的快捷菜单中选择"新建项目"→"调整图层"命令，如图 1-23 所示。

图 1-23

2）将调整图层拖动到两个视频素材衔接处上方，保留调整图层时长为两个视频前后 3~5 帧，如图 1-24 所示。

图 1-24

3）在效果面板中搜索"波形变形"，将此效果拖到调整图层中，如图 1-25 所示。

图 1-25

4）选择"调整图层"命令，选择"效果控件"→"波形变形"→"波形类型"→"杂色"选项，设置"波形高度"为"200"，"波形宽度"为"4000"，"方向"为"0.0"，"固定"选择"所有边缘"，将"不透明度"→"混合模式"改为"滤色",如图 1-26 所示。

图 1-26

（7）拉大长腿效果制作。腿部修长可以提升人物整体的美感与气质,尤其对于舞蹈类的音乐短片,在后期制作过程中,面对前期拍摄的瑕疵而想提高视频品质时,常常需要进行拉大长腿的处理,但要保证人物腿部自然,不能变形。

操作步骤如下:

1）按住 Alt 键将素材往上拖动,复制一层,如图 1-27 所示。

视频:拉大长腿效果

图 1-27

2）关掉 V1 轨道的眼睛，在效果面板中选择裁剪效果添加到上层的视频中，如图 1-28 所示。

图 1-28

3）用鼠标将节目面板底下的边框往上拉，或调整裁剪数值，裁剪掉大腿的部分，如图 1-29 所示。

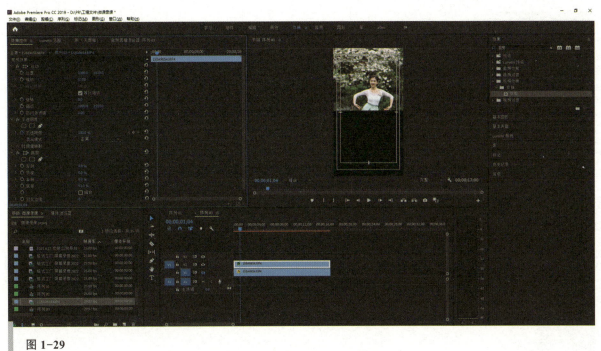

图 1-29

4）把视频整体往上拖动，给拉大长腿留出位置，如图 1-30 所示。

图 1-30

5）打开 V1 轨道的"眼睛"图标，在效果面板中取消勾选"等比缩放"复选框，向右拖动缩放高度的参数，然后调整整体的位置使两个图层重合，如图 1-31 所示。

图 1-31

6）效果完成，如图 1-32 所示。

图 1-32

（8）人物美白效果制作。人物美白是后期剪辑视频过程中需要处理的一个重要问题，白皙的皮肤不仅可以使人物更美，还可以更好地提升人物气质。

操作步骤如下：

1）打开 Lumetri 进行颜色基本校正，如图 1-33 所示。

视频：人物美白效果

图 1-33

2）展开 HSL 辅助（色相、饱和度、亮度），用吸管吸取皮肤颜色，勾选"彩色 / 灰色"复选框，如图 1-34 所示。

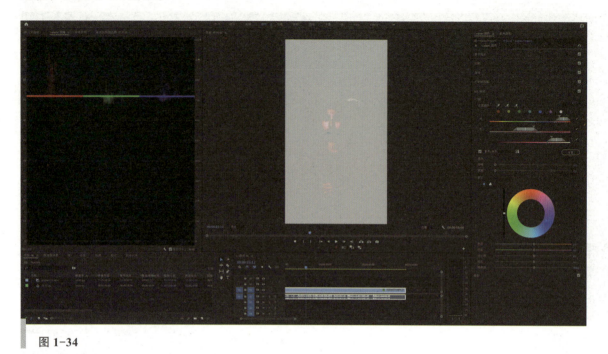

图 1-34

3）如果一次没有选取完成，则再用第二个键多次选取，完成后进行降噪和模糊，如图 1-35 所示。

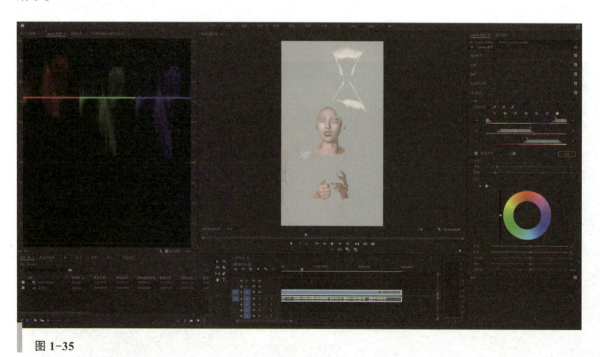

图 1-35

4）往上拉更正色环，再调整色温和色彩，如图 1-36 所示。

图 1-36

5）展开曲线，吸取嘴唇的颜色，向上拉，提高气色，如图 1-37 所示。

图 1-37

6）吸取脸部红色的部分往下拉，美白效果就完成了，如图 1-38 所示。

图 1-38

（五）节奏调整

1. 踩点剪辑技巧

在进行踩点剪辑时，常用以下方式进行镜头的切换。

（1）根据人物动作进行踩点：把人物的动作看作一个节拍进行匹配；

（2）物体运动卡点：画面内的人物或物体在动，摄像机也在动，根据他们运动的本身节奏进行卡点；

（3）颜色变化踩点：画面颜色变换的点就是需要踩中的点；

（4）动态文字踩点：文字的出现时机与音乐的节拍匹配；

（5）灯光变化踩点：依据场景内的灯光变化踩点。

2. 精准剪辑点选择方法

（1）把握画面与声音的同步关系。我们都知道先看见闪电，再听到雷声，这是因为光传播的速度比声音传播的速度更快。因此，在剪辑高潮部分，为了让画面、音乐、情感匹配，一般情况可以让音乐爆发点的音符比画面早几帧出现。

（2）在镜头内容上做选择。

1）第一个镜头中演员的动作处于微动势，即动作即将要做出，下个衔接镜头中再将动作全部完成，动势感能够弥补镜头中景别跳跃的问题，也可使视觉上更流畅。

2）第一个镜头中演员完成动作的 1/4，在下一个镜头中完成动作的 3/4。

这里还有个需要注意的问题，就是关于人眼睛视觉滞留的问题，第一个镜头的动作停顿处到下个镜头动作的完成之间有 2~3 帧的跳跃，将这 2~3 帧剪去后，就毫无视觉的跳跃感了。

3. 软件操作演示

（1）卡点剪辑效果。卡点视频是非常流行的一种呈现方式，做好完美卡点视频的基础就在于节奏，需要精准地找到音乐重音。下面讲解一个快速找准重音的方式。

操作步骤如下：

1）将音乐导入 Pr，如图 1-39 所示。

视频：卡点剪辑效果

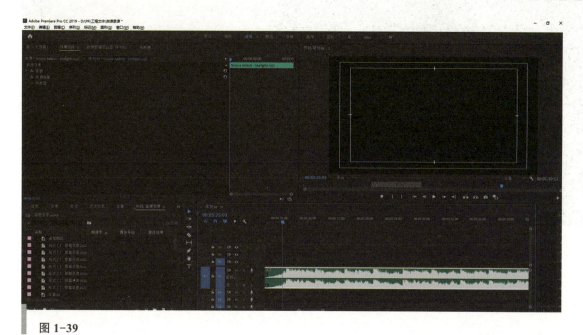

图 1-39

2）播放音乐，跟随音乐节奏，到音乐重音时按 M 键打上标记，如图 1-40 所示。

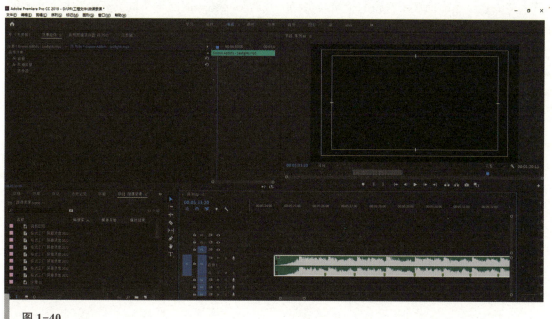

图 1-40

3）添加视频，将不同的视频片段对准标记点切换，效果完成，如图 1-41 所示。

图 1-41

（六）蒙太奇应用

（1）符号转场思维。

1）在充分理解歌曲的内涵，明确音乐短片的主题表达的基础上，挖掘具有象征含义又能代表核心主题的某种元素，贯穿全片或转场衔接，使剪辑更具魅力。

2）蒙太奇表意：正确把握所剪辑的情绪与情感，找到与之统一的空镜头或具有隐喻作用的画面内容，进行两者的组接，产生更深更远的寓意。

（2）软件操作演示。遮罩转场效果：巧妙利用镜头的遮挡完成遮罩转场，可以让镜头间的衔接更加"丝滑"，提升观感。音乐短片中常用遮罩转场完成"无缝"的过渡。

操作步骤如下：

1）将有前景遮挡的素材拖入轨道，找到遮挡物体（此处以开门为例）的最后一帧，单击"蒙版"按钮，为了方便画蒙版，可以将画面设为 10% 或 25%，如图 1-42 所示。

视频：遮罩转场效果

图 1-42

2）创建多边形蒙版，把开门后的场景框选出来，勾选"已反转"复选框，如图 1-43 所示。

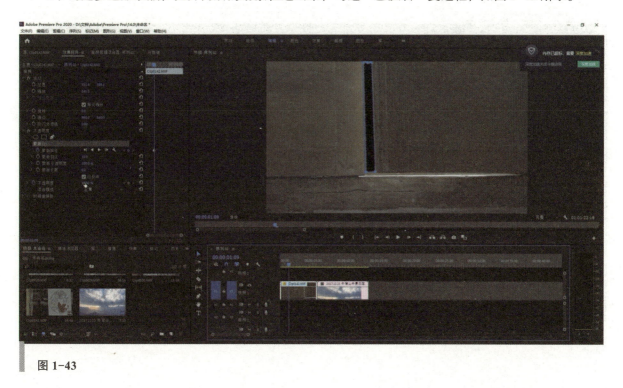

图 1-43

3）单击蒙版路径添加关键帧，播放视频找到门打开后出现的画面，一帧一帧地框选出来，扩大蒙版范围，如图 1-44 所示。

图 1-44

4）对齐关键帧，将要转场的视频置于下方轨道，调整羽化值，如图 1-45 所示。

图 1-45

（七）字幕添加

（1）版式设计原则。

1）亲密性原则。当彼此关联的项目或元素彼此接近时，它们会成为一个视觉单元，这有助于组织信息，减少混乱，其根本目的是实现组织性，并且一起放置的内容不是孤立的，而是多个单元形成一个视觉单元，便于阅读。可以通过调整距离、确定字号、是否加粗等来形成视觉单元。

2）对齐原则。任何元素都不能随便放在页面上，每个元素必须与页面上的其他元素具有某种视觉联系。这样可以制造出清晰、精巧、清爽的外观。根据位置的不同，不同的视觉单元之间自然会有视觉上的联系。其根本目的是统一页面，制定条理。如尽量将视觉单元进行左右对齐。

3）重复原则。在整个作品中重复设计的视觉要素，可以增加条理性，强化统一性。重复的目的是统一，增强视觉效果。

4）对比原则。对比的基本思想是不要让页面的要素过于相似。如果元素（字体、颜色、大小、线条宽度、形状、空间等）不同，那就突出它们的不同。要突出页面，比较是最重要的因素。根本的目的是增强页面的效果，这对信息的组织有帮助。

例如，建党版音乐短片《少年》的标题字幕排版中，"少年"二字非常紧凑，"少"字比"年"字大，突出"少"字以映射主题，此即亲密性原则；两个字都使用了鲜艳的红色，给人青春热血的观感，符合重复原则；主标题与副标题错落对齐，引导观众视觉中心点，符合对齐原则。

（2）软件操作演示。

1）文字镂空效果制作。文字镂空效果用途广泛，多以想用的画面填充文字，制作方法有很多种，此处以最快捷的方法为例进行解析。

操作步骤如下：

①新建旧版标题，输入文字，如图 1-46 所示。

视频：文字镂空效果

图 1-46

②字幕属性中，将"填充"类别关掉，打开"内描边"功能，此处以白色描边为例，镂空效果如图 1-47 所示。

图 1-47

③如想让文字具有立体感，可调整内描边的类型、角度、大小，也可利用 3D 效果凸显立体效果，如图 1-48 所示。

图 1-48

2）文字呼吸效果制作。呼吸效果如同人的心跳，有舒张，有收缩，文字呼吸效果显得具有科技感，调整呼吸的节奏与音乐完美卡点时，给人带来的视听享受是极为舒畅的。

视频：文字呼吸效果

操作步骤如下：

①将做好的字幕拖进视频轨道，如图 1-49 所示。

图 1-49

②在效果控件缩放处添加关键帧，每 10 帧打一个关键帧，将第二个关键帧缩放到 110%，如图 1-50 所示。

图 1-50

③复制前面两个关键帧，依次粘贴形成第一个缩放图层，如图1-51所示。

图 1-51

④按住 Alt 键，拖动复制一层，将刚刚所有缩放的 110% 改为 120%，如图 1-52 所示。

图 1-52

⑤再复制一层，将数值改为 130%，依此类推，如图 1-53 所示。

图 1-53

⑥操作完之后添加嵌套序列，如图 1-54 所示。

图 1-54

⑦在效果面板中搜索"3D"，添加到嵌套序列中，如图1-55所示。

图1-55

⑧将"旋转"改为5%，以产生一定的立体感，这样效果就基本完成了，如图1-56所示。

图1-56

3）霓虹灯文字效果制作。霓虹灯字幕可以随着音乐节奏跳动，这种闪烁的字幕根据主体的不同可以起到不同的作用。

操作步骤如下：

①加入字幕，按 Alt 键复制一层，调整字体、大小、颜色，如图 1-57 所示。

视频：霓虹灯
文字效果

图 1-57

②加入 VR 发光效果，如图 1-58 所示。

图 1-58

③在"效果控件"选项卡中勾选"颜色色调"复选框，用吸管工具吸取文字颜色，将亮度阈值调为0，如图1-59所示。

图 1-59

④加上音效，让闪烁的节奏与音乐一致，最终效果就完成了，如图1-60所示。

图 1-60

4）打字机效果制作。引用某段经典文字或体现重要讲话内容时，常用打字机效果呈现，以营造氛围，产生具有阅读体验的带入感。

视频：打字机效果

操作步骤如下：

①单击"文字"工具，再在监视器窗口单击，会出现一个红色的文本框，如图1-61所示。

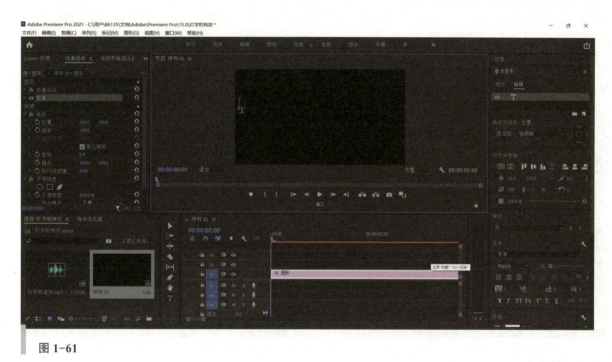

图 1-61

②在"效果控件"选项卡中找到"源文本"，将它前面的小闹钟图标点亮，打上关键帧，如图1-62所示。

图 1-62

③在文本框里输入第一个字，输入完成后，需要往后移动5帧，按住"Shift+→（方向键的右键）"组合键就是移动5帧，如图1-63所示。

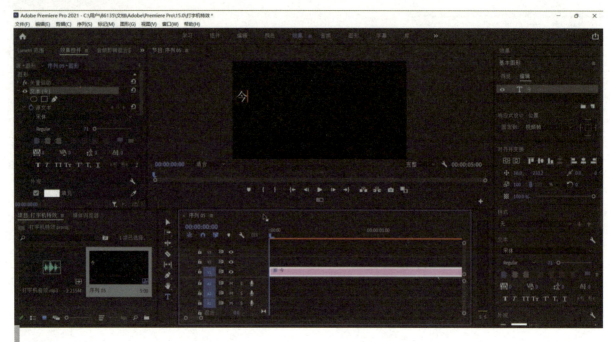

图1-63

④输入第二个字，然后往后移动5帧输入第三个字，如图1-64所示。

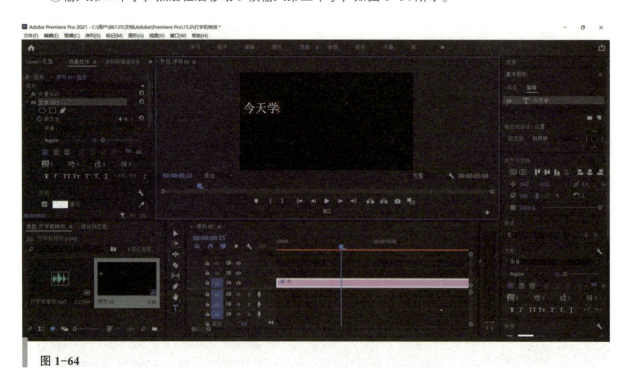

图1-64

⑤输入第四个字，这样依次往后移动，直到这句话全部输入完成，如图1-65所示。

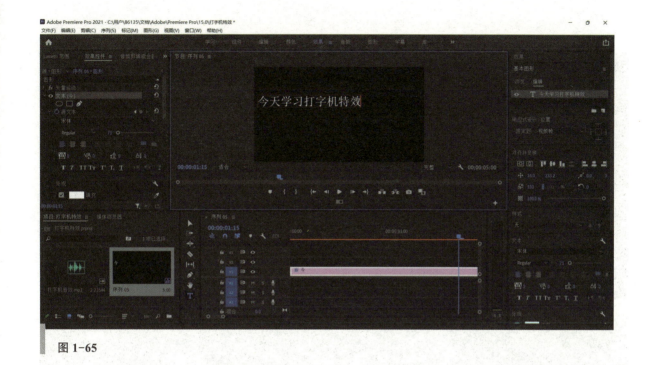

图 1-65

⑥加上打字机的音效，调整音乐的长短，匹配开始和结束的位置，这样效果就完成了，如图 1-66 所示。

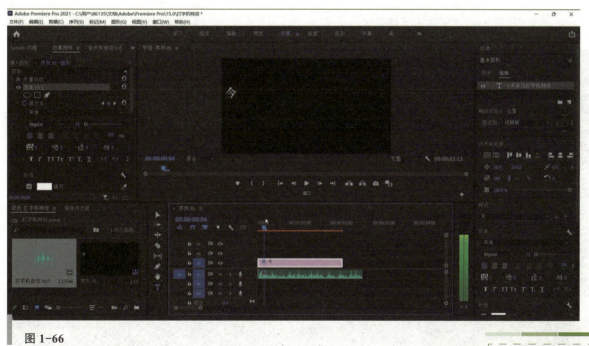

图 1-66

5）K 歌字幕效果制作。我们在 KTV 唱歌时，字幕都是一个一个逐渐加色呈现的，以方便观众唱准，可通过裁剪效果制作 K 歌字幕效果。

操作步骤如下：

视频：**K 歌字幕效果**

①导入歌词字幕，按 Alt 键复制一层，如图 1-67 所示。

图 1-67

②将 V3 轨道上的字幕改为蓝色，填充并描边，设置数值为 8，如图 1-68 所示。

图 1-68

③将裁剪效果添加到 V3 轨道上，将在"效果控件"选项卡中将"右侧"打上关键帧，移动蓝色边框让字幕消失 / 出现，如图 1-69 所示。

图 1-69

④效果完成，如图 1-70 所示。

图 1-70

6）字幕排版制作。字幕不仅是与观众有效交流的重要途径，更是体现作品风格、呈现审美水准的标志。下面以"蜀绣创新"为例制作字幕，制作字幕时要根据内容确定风格，遵循版式设计原则进行排版。

操作步骤如下：

①亲密性原则提醒我们要把多个元素形成一个视觉单元，以便于阅读。对比原则则提醒我们可以突出最想表达的主题。例如，我们可以在字幕中调整字距、行距、字号，确定是否加粗等来形成视觉单元；"创"字可以选择楷体，字号为330；"新"字字号比"创"字字号小一些，字号为315，如图1-71所示。

视频：字幕排版制作

图1-71

②重复原则提醒我们在字幕设计中要注意视觉要素的重复，可以强化统一性，所以，将默认的白色调整为统一的黄色。"新"字位于"创"字右下方。选择"外观"→"填充"→"黄色"选项，如图1-72所示。

图1-72

③对齐原则提醒我们要注意不同元素的视觉联系，制造出清晰、精巧的感觉。如新增了副标题以后，应注意上、下、左、右的对齐，让设计的界面具有条理性；红色底子用提前做好的印章图片放在"创新"右边居中位置。加入新文本"蜀绣"，选择"楷体"，字号为167，设置"填充"为白色，放在红色印章底子的中间，如图1-73所示。

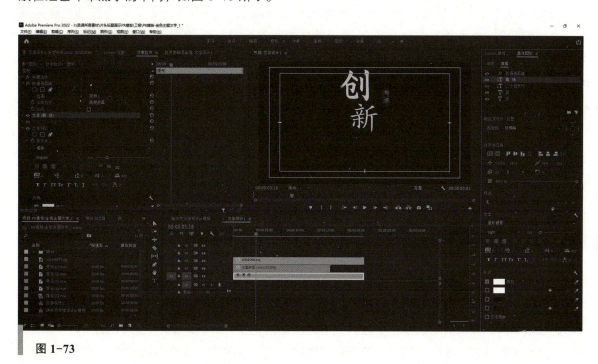

图 1-73

④最后加入粒子特效等丰富视觉层次，效果就完成了，如图1-74所示。

图 1-74

三、素养养成

（一）主题确定

（1）追溯音乐短片的发展历史可知，音乐短片是法国于 1926 年发明的，但在法国并未发现样品。音乐短片于 1928 年首次出现在美国，然后发展至全球。我国的音乐短片出现在 20 世纪 90 年代并迅速发展。在欣赏西方音乐短片的过程中，一定要坚定文化自信，我国的音乐短片起步虽晚，但独具五千年文明的中国传统文化底蕴和别具风格的民族音乐短片同样具有很高的艺术水平，我们要学会批判地吸收西方文化艺术。

（2）1993 年，在首届中国音乐电视大赛中荣获金奖的音乐短片是《穿军装的川妹子》。在我们脚下的这片土地上身着军装、抛头颅洒热血的革命先烈数不胜数，例如，四川宜宾的抗日民族英雄赵一曼，领导东北抗日活动，面对敌人的屠刀，她高呼"打倒日本帝国主义""中国共产党万岁"的口号英勇就义。她在与日寇的斗争中于 1935 年 11 月被捕，于 1936 年 8 月就义。2009 年 9 月 10 日，赵一曼被评为"100 位为新中国成立作出突出贡献的英雄模范人物"之一。无数的革命先烈换来今日的稳定繁荣。在剪辑影视作品时，应当把一代又一代不怕牺牲、勇于奉献、顽强拼搏、不懈奋斗的革命精神发扬光大。同时，我们的影视作品应当大力弘扬革命精神，宣传社会主义核心价值观。

（3）咏叹调可以是歌剧、轻歌剧、音乐剧、神剧、受难曲或清唱剧的一部分，也可以是独立的演唱会咏叹调。咏叹调最早起源于中国的戏曲，在元末明初，人们增加了许多乐器用来丰富戏曲内容，这形成了一种带有器乐伴奏的、有节制的歌唱形式。中国的戏曲传到西方后，西方人改造了这种形式，在歌剧等戏剧中加入富有抒情性的元素，形成了戏剧性的独唱乐段。《今夜无人入睡》是歌剧《图兰朵》中的一段咏叹调。《图兰朵》是意大利作曲家以中国为背景创作的歌剧，体现了文化的交融。歌剧中有 8 段基于中国传统民歌的乐曲，其中就包括"茉莉花"。19 世纪的欧洲人对以中国文化为代表的东方文化有极大兴趣，西方人对中国文化的研究在许多领域甚至超过了我们，我们要了解研究并很好地传承和发展我们的民族文化，同时，把西方文化好的部分也以更开放的心态吸纳进去。

（4）在确定主题时，要旁求博考，力求实事求是，养成求真务实的工作作风。在设计剪辑主题的过程中，要多方探究，养成合作沟通的职业素养。

（二）结构设计

（1）2021 年是中国共产党成立 100 周年。全国两会期间，人民日报新媒体推出建党百年主题 MV《少年》，《少年》从开端的呈现（军阀混战，国家内忧外患，积贫积弱），到发展的呈现（中共一大、南昌起义、长征顺利会师、抗日战争、解放战争、中华人民共和国成立前夕、共产党带领全国人民浴血奋战、中华人民共和国成立），再到高潮部分的呈现（各行各业开足马力，克服重重困难，国家建设获得质的飞跃，高精尖的先进生产力领先世界，人民幸福，国家强盛），最后到结局的呈现（对未来的展望，对明天更好的发展与无穷潜力的期待），配合歌词"百年只不过是考验，美好生活目标不断实现"，收束全文，点明主题。在掌握知识的同时，应当把一代又一代不怕牺牲、勇于奉献、顽强拼搏、不懈奋斗的革命精神发扬光大。同时，我们的影视作品应当大力弘扬革命精神，宣传社会主义核心价值观。

（2）我们在观影、阅读书籍、赏析音乐的过程中都能找到开端、发展、高潮、结局的结构变化，无论是西方还是东方的著作都无法脱离设置悬念、制造矛盾、解决矛盾的基本框架。而在古时我们的起承转合行文结构中就已经如此。所以，在学习生活的过程中，不断汲取国外优秀理念时，也应该立足中华文化本身，坚定文化自信，静心观摩古人思想，才能够得到更好的发展。

（3）结构的设计是至关重要的，我们要站在整个音乐短片的基础上分析问题，想出方法。在填写设计工单时，一定要顾全整体，全面设计，养成思考问题的全局意识。

（4）在确定结构的时候，要旁求博考，力求实事求是，养成求真务实的工作作风。在设计剪辑结构的过程中，要多方探究，养成合作沟通的职业素养。

（三）素材选取

（1）故宫、长城、敦煌莫高窟、秦始皇陵是我国著名的四处古迹胜地，1987年，它们同时被列入世界文化遗产保护名录。千百年来，它们见证着中华民族光辉璀璨的历史与文明，也寄托着无数中国人深邃悠远的怀古思今之情。当我们聆听《故宫》这首音乐时，仿佛置身于故宫琉璃瓦覆盖下的庄严大殿，有如进行一次梦幻般的神奇旅行，又如观看一部大型的史诗电影，古老壮丽的风景翩翩掠过，浑厚文明的画卷幻化成音符来展现。作曲者虽是日本人，但荡气回肠的音符代表着其心中思慕的文明国度的瑰丽与辉煌。

（2）我们在收集《河西走廊之梦》资料的过程中可以知道，该作品以河西走廊为讲述对象，从政治、军事、经济、文化、宗教等角度，全方位呈现了从汉代至今约两千年的时间里，河西走廊在中国历史进程中所发挥的独特作用和重要影响，可与现代丝绸之路结合理解，凸显这片古老大地上的自然、人文等魅力在华夏文明历史长河中的显著地位，厚植家国情怀。

（3）选材过程考验细心与耐心，在工作过程中所有的素材都可能有价值，我们要在素材库中有序地、细心地寻找想要选取的内容，在这个过程中需要保持匠人之心，静心寻找，有耐心。

（4）在挑选素材的时候，要打开思路、积极探究，合理运用头脑风暴激发灵感，提高创造力，在探究过程中，要注意交流的方式方法，养成良好的合作沟通的职业素养。

（四）垒材初剪

（1）张骞在公元前139年奉汉武帝之命出使西域，打通了丝绸之路，连接了中国与中亚、西亚、南亚乃至欧洲的陆上交通，从此河西走廊成为中国内地联系西域的重要通道，成为丝绸之路的咽喉，也成为经略西北的军事、文化、经济重地。我们不仅要学习张骞的开拓冒险精神，更要把他厚植于心的家国情怀牢记心间。爱国是信念，也应该是信仰。

（2）我们通过查阅资料得知，河西走廊历经两千余年的历史积淀，有被联合国列入世界文化遗产名录的莫高窟，也有因珍藏稀世珍宝象牙佛而闻名于世的万佛峡。在剪辑音乐短片时，一定要探究它背后的历史，如《河西走廊之梦》以都都克为主要音色，就是为了把这两千多年的苍凉悠远呈现出来，凸显河西走廊与中华文明的历史底蕴，这是华夏文明的绵长厚重，也是我们无与伦比的文化自信，一定要坚持传播与发扬。

（3）歌词的转化，不应只是浮于表面的"看图说话"，而是更深层次的意境之美。在剪辑的过程中应深入思考，恰当运用所学知识，提升审美能力。

（4）在剪辑开始前，我们要分门别类地对素材进行归纳整理，例如，在Pr内建立素材文件夹、使用标签对不同场景进行标色等操作，这样方便我们后期快速找到素材，提高剪辑效率。要养成规范操作的习惯，科学有效地整理素材，形成良好的职业规范。

（5）具备规范操作及安全意识。

1）按剪辑结构创建文件夹，整理素材，将其存放于非C盘的其他常用于剪辑工程文件保存的盘。

2）在软件中的项目面板里务必为新建文件夹命名，以便于查找。

（五）节奏调整

（1）散文《春》的主题思想是对自由境界的向往。我们通过查阅资料得知朱自清当时虽置身在污浊黑暗的旧中国，但他的心灵世界则是一片澄澈明净，他的精神依然昂奋向上。朱自清把他健康高尚的审美情趣，把他对美好事物的无限热爱，把他对人生理想的不懈追求熔铸到文章中，熔铸到诗一样美丽的语言中，从而使整篇文章洋溢着浓浓的诗意，产生了经久不衰的艺术魅力。在以后的生活中，无论何时都应保持积极昂扬的斗志和生活态度，积极践行社会主义核心价值观。而对美好生活的追求应该永不停步，因为追求美好的过程本身就是一种美好。

（2）剪辑点的选择必须做到精确，这样才能营造出最佳的效果，所以，在剪辑过程中一定要有精益求精的工匠精神。

（3）在调整剪辑节奏的过程中，不能差不多就行，也不要将就，应该养成求真务实的工作作风，基于理论支撑能够充分印证调整的原因，进而达到更好的效果。在探究过程中，也要注意交流的方式方法，养成良好的合作沟通的职业素养。

（六）蒙太奇应用

（1）通过查阅资料知道《九章橘颂》是一首托物言志的咏物诗，表面上在歌颂橘树，实际是屈原对自己理想和人格的表白。这种借物言志的手法和隐喻蒙太奇是极其相似的，在掌握隐喻蒙太奇概念的同时，更要体会屈原的爱国主义情怀、家国情怀，每个人都应"愿做一棵橘树"。

（2）提到屈原，就不得不提《离骚》。《离骚》不仅是爱国主义诗篇的开山之作，也是中国文学浪漫主义的源头，在中国诗歌史上闪耀着不朽的光辉，影响着后世百代诗坛和文坛。我们最熟悉的诗句莫过于"路漫漫其修远兮，吾将上下而求索"。这种无悔、坚韧与执着，是我们在工作生活中需要学习的，而"上下求索"的精神也更应秉持，应带着这种顽强的毅力去追求理想，深化职业道德，实现自己的人生价值。

（3）众所周知，中国国旗中的大五角星代表的是中国共产党，四颗小五角星分别代表工人、农民、小资产阶级和民族资产阶级。在使用五星红旗作为转场符号时，一定要清晰地知道我们国旗上的五颗星的相互关系象征中国共产党领导下的人民大团结。这种象征意义在剪辑创作中要合理地使用和呈现，作为影视从业者，我们应该向大众随时传递正能量和爱国的理念。例如，电影《战狼2》中受伤的男主人公把国旗挂在胳膊上奋力举起时，很多观众都深受感动，因为这是情绪的表达，也是祖国向心力的印证，更是一种价值认同。

（4）在使用蒙太奇手法时，如有破坏原来的局部节奏，一定要将其调整到最佳。切不可将就，也不能嫌麻烦而放弃最佳效果。应该具备精益求精的工匠精神，具备不怕苦难、敢于尝试的精神。

（5）在设计蒙太奇时，要打开思路、积极探究，在探究过程中，也要注意交流的方式方法，养成良好的合作沟通的职业素养。

（七）字幕添加

（1）通过查阅资料知道永和九年（公元353年）三月初三上巳日，晋代贵族、会稽内史王羲之偕亲朋谢安、孙绰等四十二位全国军政高官，在兰亭修禊后，举行饮酒赋诗的"曲水流觞"活动，成为千古佳话。这一儒风雅俗一直留传至今。"曲水流觞"主要有两大作用，一是欢庆和娱乐，二是祈福免灾。在日常生活中，应多多留意并弘扬具有中国传统的特色习俗，把它们传递出去，大力弘扬，不要把精力只是放在外国的节日或风俗上。

（2）汉字是中国文化五千年文明的见证与缩影。我们在赏析书法之美的过程中，更应该坚定文化自信，因为一部中国书法史就是一部汉字的演化发展史，也是一部形象的中国文化史。

（3）在下载字体时，要注意版权问题，可以付费下载商用字体，也可以下载免费的商用字体，在使用过程中，要养成法律意识，尊重作者的劳动者成果，避免侵权。

（4）在选择字体、设计板式布局时，要多方探究，确定最佳方案，养成合作沟通的职业素养。

学习准备

一、问题思考

1. 剪辑音乐短片时该如何把握音乐？
2. 剪辑音乐短片的常用技巧有哪些？
3. 如何提高音乐短片剪辑的感染力？

二、学习材料

1. 准备好计算机并安装好 Pr 软件。
2. 纸、笔。
3. 案例资源清单。
（1）《感觉自己》。
（2）《穿军装的川妹子》。
（3）《东方红》《走西口》《智取威虎山》音乐。
（4）《今夜无人入睡》。
（5）《少年》（建党百年主题音乐短片）。
（6）《故宫的记忆》。
（7）《河西走廊之梦》。
（8）《九章橘颂》（典籍里的中国片段）。
（9）《母亲》（电影片段）。

（10）《战舰波将金号》（电影片段）。

（11）《兰亭集序》。

（12）李子柒视频。

三、学习分组

每组不超过 3 人，请填写分组名单（表 1-1）。

表 1-1　分组名单

班级		组号		授课教师	
组长		学号			
组员	姓名	学号	姓名	学号	

项目实施

任务一　音乐短片主题挖掘

一、任务描述

分析歌剧《今夜无人入睡》，确定音乐短片的剪辑主题。完成主题设计单，见表 1-2。

表1-2　主题设计单

剪辑题目	《今夜无人入睡》音乐短片		
	音乐创作背景	音乐主题	受众画像
主题设计依据			
	音乐直接感受 （你最纯粹、 最直接的感受及联想）	音乐表达感受 （结合音乐创作背景，你对它 的感受与理解）	音乐要素感受 （围绕音乐的旋律、节奏、和 声等方面的感受）
主题设计思路			
确定主题			

二、工作准备

1. 查找你喜欢的音乐的创作背景，看看是否与你的理解和感受一致。
2. 罗列出你喜欢的电影，看看它们的主题都是什么。

三、工作实施

（一）感受音乐

问题引导 1：音乐短片包括＿＿＿＿＿、＿＿＿＿＿、＿＿＿＿＿等类型。

问题引导 2：在音乐与剪辑的关系中，关键要明确剪辑的＿＿＿＿和音乐的＿＿＿＿表达一致，并准确把握两者的＿＿＿＿。

问题引导 3：你认为深入理解音乐主题和情感需要做什么？

＿＿＿＿＿＿＿＿＿＿＿＿＿＿＿＿＿＿＿＿＿＿＿＿＿＿＿＿＿＿＿＿＿＿

＿＿＿＿＿＿＿＿＿＿＿＿＿＿＿＿＿＿＿＿＿＿＿＿＿＿＿＿＿＿＿＿＿＿

＿＿＿＿＿＿＿＿＿＿＿＿＿＿＿＿＿＿＿＿＿＿＿＿＿＿＿＿＿＿＿＿＿＿

问题引导 4：通过观察演唱者的表情，听都灵奥运会开幕式的《今夜无人入睡》，你感受到了什么？

_____

_____

_____

问题引导 5：通过了解或猜测电影《深海长眠》的人物和故事，看《今夜无人入睡》配乐片段，你感受到了什么？

_____

_____

_____

问题引导 6：通过对起亚汽车 2014 年在美国超级碗直播中场休息期间的一段广告的剧情了解，听《今夜无人入睡》配乐片段，你感受到了什么？

_____

_____

_____

（二）挖掘主题

问题引导 1：回忆你看过或了解的小说、散文、诗歌等文学作品，尽可能多地分析归纳其主题涉及哪些方面：_____、_____、_____、_____、_____。

问题引导 2：通过对《今夜无人入睡》的理解与感受，阐述它最打动你的是什么。

_____

_____

_____

问题引导 3：借鉴文学作品的常见主题，你打算为即将剪辑的《今夜无人入睡》音乐短片设计什么主题？为什么？

_____

_____

_____

四、成果展示

小组代表进行汇报，分析自己的亮点与不足。

_____

_____

_____

_____

任务二 音乐短片结构设计

一、任务描述

划分歌剧《今夜无人入睡》的段落，设计剪辑结构，完成剪辑结构设计单，见表1-3。

表1-3 剪辑结构设计单

《今夜无人入睡》剪辑结构设计单		
音乐划分为 _____ 个部分	时间分段	画面内容
第一部分起止、内容		
第二部分起止、内容		
第三部分起止、内容		
第四部分起止、内容		
……		

二、工作准备

1. 选择一些你喜欢的或优秀的（获奖或网评高分）音乐短片，认真思考你喜欢它的原因。

2. 从剪辑的角度看，你喜欢的音乐短片都有什么特点？

三、工作实施

（一）音乐结构划分

问题引导1：音乐的结构一般从_____和_____角度划分。

问题引导2：剪辑可分为_____剪辑和_____剪辑两种。

问题引导3：你认为分析音乐的结构可以从哪些方面入手？

_____

_____

_____

_____

　　问题引导 4：结合中国共产党 100 年的发展史，观看建党百周年主题音乐短片《少年》，说说它的音乐结构划分。

_____

_____

_____

　　问题引导 5：观看音乐短片《河西走廊之梦》，基于你所了解的河西走廊的文明，说说它的音乐结构划分。

_____

_____

_____

_____

（二）剪辑结构设计

　　问题引导 1：行文章法的"起""承""转""合"分别表示什么？ _____、

_____、_____、_____。

　　问题引导 2：你认为剪辑的核心要素是什么？

_____

_____

_____

_____

　　问题引导 3：借鉴"起承转合"的行文章法，你打算为即将剪辑的《今夜无人入睡》音乐短片设计什么样的结构？

_____

_____

_____

_____

四、成果展示

　　小组代表进行汇报，分析自己的亮点与不足。

_____

_____

_____

任务三 音乐短片素材挑选

一、任务描述

围绕音乐短片《今夜无人入睡》的剪辑主题，沉浸式感受音乐，挑选素材，并完成素材选择单，见表1-4。

表1-4 素材选择单

剪辑题目	《今夜无人入睡》音乐短片		
剪辑主题			
听音乐时联想到的画面			
思维导图			
素材的挑选思路	最令你感动的	你最想表达的	其他观点
可转化或提炼的画面			

二、工作准备

1. 画面与主题的关系是什么？
2. 画面与音乐的关系是什么？

三、工作实施

（一）沉浸式感受联想画面

问题引导 1：音乐风格反映了_____、_____或音乐家个人的_____、_____、精神气质等内在特征。

问题引导 2：中国元素分为三部分，包括_____、_____、_____。

问题引导 3：沉浸式感受音乐《故宫的记忆》，你联想到的画面或场景有哪些？

_____

_____

_____

问题引导 4：音乐《故宫的记忆》中使用了钢琴、电子琴组、小提琴、爵士鼓等西洋乐器，但为什么会有很强的中国文化感染力？

_____

_____

_____

问题引导 5：基于你已确定的剪辑主题，沉浸式感受歌剧《今夜无人入睡》，你联想到的画面或场景有哪些？

_____

_____

_____

（二）绘制思维导图提炼归纳

问题引导 1：思维导图能帮助你_____、_____、_____等。

问题引导 2：你如何理解音乐短片中的共情表现？

_____

_____

_____

问题引导 3：使用头脑风暴法要注意哪些原则？

_____

_____

_____

问题引导 4：拉片分析音乐短片《河西走廊之梦》的素材选择，并绘制思维导图。

_____

_____

问题引导 5：根据你沉浸式感受歌剧《今夜无人入睡》所联想的画面或场景，绘制素材思维导图。

_____

_____

_____

四、成果展示

小组代表进行汇报，分析自己的亮点与不足。

_____

_____

_____

任务四　匹配主题编辑素材

一、任务描述

紧扣音乐短片《今夜无人入睡》的主题，根据所选素材，按照剪辑结构设计进行初剪。

二、工作准备

1. 下载并熟悉你所需要的素材。
2. 反复听歌剧《今夜无人入睡》，加深理解你要表达的主题。

三、工作实施

（一）按结构垒素材

问题引导 1：歌词转化层级包括：低级是指_____，中级是指_____，高级是指_____。

问题引导 2：你认为画面如何与情感匹配? 举例说明。

_____

_____

问题引导 3：根据剪辑结构的内容划分，将素材与之对应并进行分类。可将你在分类中的经验或新发现记录下来。

_____

_____

_____

问题引导 4：以素材与段落表达内容匹配为原则，完成整体剪辑。可将你在剪辑中的经验或新发现记录下来。

_____

_____

_____

（二）依据特点剪流畅

问题引导 1：流畅剪辑的根本就是遵循_____和_____的逻辑。

问题引导 2：流畅剪辑技巧主要包括_____、_____、_____。

问题引导 3：通过对《今夜无人入睡》理解与感受，阐述它最打动你的是什么。

_____

_____

_____

问题引导 4：哪些流畅剪辑技巧可以用到你的剪辑中？

_____

_____

_____

四、成果展示

小组代表进行汇报。围绕内容与结构，检查剪辑是否流畅，并找出自己的亮点与不足。

_____

_____

_____

任务五　剪辑节奏调整

一、任务描述

找准音乐短片《今夜无人入睡》的情绪变化点、高潮点，对剪辑节奏进行调整。

二、工作准备

1. 把初剪视频分享给朋友，他们的感受与你的表达是否一致？

2. 从整体和局部两个方面看自己的剪辑效果，画面与情感的匹配是否还有改进空间？

三、工作实施

（一）音乐节奏调整

问题引导 1：踩点剪辑的"点"是指＿＿＿＿＿＿＿＿＿＿＿＿＿＿＿＿＿＿＿＿＿＿＿＿。

问题引导 2：根据你的理解，思考踩点剪辑的剪辑点时可以考虑哪些方面？

＿＿＿＿＿＿＿＿＿＿＿＿＿＿＿＿＿＿＿＿＿＿＿＿＿＿＿＿＿＿＿＿＿＿＿＿＿＿

＿＿＿＿＿＿＿＿＿＿＿＿＿＿＿＿＿＿＿＿＿＿＿＿＿＿＿＿＿＿＿＿＿＿＿＿＿＿

＿＿＿＿＿＿＿＿＿＿＿＿＿＿＿＿＿＿＿＿＿＿＿＿＿＿＿＿＿＿＿＿＿＿＿＿＿＿

问题引导 3：你的剪辑工作中哪些地方可以用到踩点剪辑技巧？请完成剪辑节奏调整，可将你在剪辑中的经验或新发现记录下来。

＿＿＿＿＿＿＿＿＿＿＿＿＿＿＿＿＿＿＿＿＿＿＿＿＿＿＿＿＿＿＿＿＿＿＿＿＿＿

＿＿＿＿＿＿＿＿＿＿＿＿＿＿＿＿＿＿＿＿＿＿＿＿＿＿＿＿＿＿＿＿＿＿＿＿＿＿

＿＿＿＿＿＿＿＿＿＿＿＿＿＿＿＿＿＿＿＿＿＿＿＿＿＿＿＿＿＿＿＿＿＿＿＿＿＿

（二）心理节奏调整

问题引导 1：观影心理是指观众对画面的＿＿＿＿＿＿和＿＿＿＿＿＿。

问题引导 2：考虑观影心理剪辑就是指镜头的切换要与＿＿＿＿＿＿同步。

问题引导 3：精准剪辑点的选择关键是考虑观众的＿＿＿＿＿＿和创作者的＿＿＿＿＿＿。

问题引导 4：哪些镜头的长度和内容不符合观影心理？请完成剪辑节奏调整，可将你在剪辑中的经验或新发现记录下来。

＿＿＿＿＿＿＿＿＿＿＿＿＿＿＿＿＿＿＿＿＿＿＿＿＿＿＿＿＿＿＿＿＿＿＿＿＿＿

＿＿＿＿＿＿＿＿＿＿＿＿＿＿＿＿＿＿＿＿＿＿＿＿＿＿＿＿＿＿＿＿＿＿＿＿＿＿

＿＿＿＿＿＿＿＿＿＿＿＿＿＿＿＿＿＿＿＿＿＿＿＿＿＿＿＿＿＿＿＿＿＿＿＿＿＿

问题引导 5：找到你剪辑任务的情绪爆发点，并谈一谈怎么处理。

＿＿＿＿＿＿＿＿＿＿＿＿＿＿＿＿＿＿＿＿＿＿＿＿＿＿＿＿＿＿＿＿＿＿＿＿＿＿

＿＿＿＿＿＿＿＿＿＿＿＿＿＿＿＿＿＿＿＿＿＿＿＿＿＿＿＿＿＿＿＿＿＿＿＿＿＿

＿＿＿＿＿＿＿＿＿＿＿＿＿＿＿＿＿＿＿＿＿＿＿＿＿＿＿＿＿＿＿＿＿＿＿＿＿＿

四、成果展示

小组代表进行汇报。紧扣主题与情感表达，检查节奏，并找出自己的亮点与不足。

＿＿＿＿＿＿＿＿＿＿＿＿＿＿＿＿＿＿＿＿＿＿＿＿＿＿＿＿＿＿＿＿＿＿＿＿＿＿

＿＿＿＿＿＿＿＿＿＿＿＿＿＿＿＿＿＿＿＿＿＿＿＿＿＿＿＿＿＿＿＿＿＿＿＿＿＿

＿＿＿＿＿＿＿＿＿＿＿＿＿＿＿＿＿＿＿＿＿＿＿＿＿＿＿＿＿＿＿＿＿＿＿＿＿＿

＿＿＿＿＿＿＿＿＿＿＿＿＿＿＿＿＿＿＿＿＿＿＿＿＿＿＿＿＿＿＿＿＿＿＿＿＿＿

任务六 抒情、隐喻蒙太奇的应用

一、任务描述

围绕音乐短片《今夜无人入睡》的主题，根据其情感抒发点恰当地运用蒙太奇手法。

二、工作准备

1. 如果用一种植物来描述自己，你会选择哪一种植物？为什么？
2. 查找资料，了解库里肖夫和普多夫金的理论贡献。

三、工作实施

（一）蒙太奇应用

问题引导 1：蒙太奇就是指_____、_____。

问题引导 2：隐喻蒙太奇是将镜头和场景的_____进行_____，以_____的形象表现作者的_____。

问题引导 3：抒情蒙太奇是一段在连续的叙事和描写中恰当地加入一个_____，以表现出超越剧情的思想和_____。

问题引导 4：你的剪辑工作中哪些地方可以使用哪种蒙太奇手法？

_____

_____

_____

问题引导 5：找到你的剪辑中情感抒发强烈或象征意味浓郁的地方，用合适的空镜头替换原有画面，调整节奏，完成剪辑。可将你在剪辑中的经验或新发现记录下来。

_____

_____

_____

（二）符号转场设计

问题引导 1：符号是具有_____又能代表_____的元素。

问题引导 2：找出音乐短片《我和我的祖国》的符号转场，说说它的意义。

_____

_____

_____

问题引导 3：你的剪辑工作中有没有可以使用的符号元素？进行剪辑实践试试效果。可将你在剪辑中的经验或新发现记录下来。

_____

_____

_____

_____

四、成果展示

小组代表进行汇报。紧扣主题与情感表达，检查情感是否渲染恰当，并找出自己的亮点与不足。

_____

_____

_____

任务七　片名歌词字幕制作

一、任务描述

根据音乐短片《今夜无人入睡》的主题，选择合适的字体，并进行排版设计，完成字幕添加。

二、工作准备

1. 你怎么理解"字如其人"？

2. 多选择几个优秀音乐短片，分析它们使用的字体和版式有什么特点？

三、工作实施

（一）字体选择

问题引导 1：字体的气质体现在其完美的外在_____和丰富的_____中。

问题引导 2：中国有句老话叫作"字如其人，"它表达了（　　　）。

A. 字是书者志向的外化

B. 字是书者心境的表白

C. 字是书者情绪的流露

D. 字是书者人品的写真

问题引导 3：宋体字的气质是_____，黑体字的气质是_____，圆体字的气质是_____。

问题引导 4：结合剪辑主题，你会选择哪种字体？为什么？

_____

_____

_____

（二）排版设计

问题引导1：版式设计的原则有（　　　）。

A. 亲密性原则

B. 对齐原则

C. 重复原则

D. 对比原则

问题引导2：考虑你所剪辑的主题和情感，恰当地排列版式，完成片名和歌词的添加。可将你在制作中的经验或新发现记录下来。

_____

_____

_____

四、成果展示

小组代表进行汇报。紧扣主题与情感表达，检查字体选择与排版设计是否恰当，找出自己的亮点与不足。

_____

_____

_____

拓展迁移

一、拓展知识

（1）中国音乐的起源。《礼记·乐记》中记载："凡音之起，由人心生也。人心之动，物使之然也，感于物而动，故形于声。声相应，故生变，变成方，谓之音。比音而乐之，及干戚、羽旄，谓之乐"。这就是说，一切音乐的产生都源于人的内心。人们的内心活动是受到外物影响的结果。人心受到外物的影响而冲动起来，因而通过声音表现出来。各种声音相互应和，由此产生变化，由变化产生条理次序，就叫作音。将音组合起来进行演奏和歌唱，配上道具舞蹈，就叫作乐。

（2）历史人物——库里肖夫。他是苏联电影导演、理论家。他做了一个非常有名的实验，即"库里肖夫效应"。库里肖夫选择了演员的一个静止、没有表情的面部镜头特写，再把该特写与其他影片的某一镜头链接，成为三个组合，放映给不知情的观众观看，得到了不同的效果。第一组合：演员莫兹尤辛的面部特写镜头后紧接着桌子上摆着一盘汤的镜头。观众的感觉是他想喝汤。第二组合：演员莫兹尤辛面部特写镜头和一口棺材里躺着的女尸的镜头。观众的感觉是他看着女尸面孔的心情是悲伤的。第三组合：演员莫兹尤辛的面部特写镜头后紧接着一个小女孩在玩滑稽玩具狗熊的镜头。观众感觉他在专注观看女孩玩耍。

（3）中国非常有名的《兰亭集序》被称为"天下第一行书"。全文共二十八行、三百二十四字，遒媚飘逸，纵横变化，气韵完美，雄秀之气，出于天然，有如神人相助而成，被书法界视为极品。唐太宗对王羲之推崇备至，曾亲撰《晋书》中的《王羲之传论》，颂扬其为"尽善尽美"，还将《兰亭集序》的临摹本分赐贵戚近臣，并以真迹殉葬，埋入昭陵。现在流传的冯承素摹本存于北京故宫博物院，上面有"神龙"（唐中宗年号）小印，是断为唐摹的一个铁证。

（4）新媒体的概念和特点。新媒体是依靠数字技术、互联网技术、移动通信技术等新技术为观众提供信息和娱乐服务的传播形式与媒体形式，是与书信、电话、报刊、广播、电影、电视等传统媒体不同的新型媒体，主要指互联网新媒体、手机新媒体、数字电视新媒体等。网络新媒体是在互联网上建立的各种新媒体形式，包括各种网站、博客、微博、网络电视、网络广播、网络新闻等。手机的新媒体是以手机为接收终端的媒体形式，包括手机邮件、手机报刊、手机电视等。电视新媒体是基于数字电视的新媒体，如数字电视、IPTV、移动电视、户外新媒体等。

（5）短视频的概念和特点。短视频是适合在各种新媒体平台上播放、在移动状态和短时间的空闲状态下观看的高频推送视频内容，时间为几秒钟到几分钟不等。其内容融合了幽默诙谐、时尚潮流、技能分享、社会热点、广告创意、街头采访、公益教育等主题。因为内容很短，所以可以单独制作或制作成系列。与微电影和直播不同，短视频制作不像微电影那样要求特定的表现形式和团队配置。它具有生产流程简单、制作门槛低、参与性强等特点，比直播更有传播价值，超短的制作周期和趣味性内容对短片视频制作团队的文案和企划基础有一定的挑战。优秀的短视频制作团队通常依赖成熟运营的自媒体或IP，除高频稳定的内容输出外，还有很强大的粉丝渠道，如李子柒（四川绵阳人，中国内地美食短视频创作者）。2019年8月，李子柒成为成都首位非遗推广大使，并在超级红人节上获得了"最具人气博主奖""年度最具商业价值红人奖"；9月14日，其创作的短视频《水稻的一生》播出；12月5日，其在YouTube平台上的粉丝数达到了735万，而且在该平台上，她每个视频的播放量都在500万以上；随后，李子柒的经历也受到了包括《人民日报》、新华社、共青团中央、中央电视台的文章评论与肯定；12月14日，她还获得了《中国新闻周刊》主办的"年度影响力人物"荣誉盛典"年度文化传播人物奖"。

（6）短视频发展现状与监管。如今的短视频已沦为抄袭的重灾区。一些优质的短视频，未经允许被"搬运工"和"剪刀手"稍作处理，成为吸引流量的工具。同一内容的短视频被"掐头去尾"，重复出现在不同平台，不仅令观众纳闷，更令视频原创作者烦恼，大大制约了短视频行业的创作环境。短视频的发展短板令人担忧。内容创作同质化严重，玩模仿、秀萌宠、拼搞笑的老把戏新意匮乏；平台只顾短期盈利，长期规划不足；监管不力，版权保护缺位，低俗内容和创意抄袭大行其道。要谋求长远发展，短视频平台须踢开优质内容匮乏、盈利能力不足、监管环节薄弱三大"绊脚石"。随着移动终端的普及和网络的提速，短平快的大流量传播内容逐渐获得各大平台、粉丝和资本的青睐。2020年，国家网信办从7月初起开展为期2个月的"清朗"未成年人暑期网络环境专项整治，严厉打击直播、短视频网站平台存在的涉未成年人有害信息；重点整治恋童、虐童等对未成年人实施猥亵性侵的有害信息；严厉打击发布、传播以未成年人为主角的大尺度写真、私房照片视频的账号；严格排查后台"实名"认证制度，严禁未成年人担任主播上线直播；进一步强化未成年人模式和防沉迷系统应用，全面清理色情低俗、血腥暴力、恐怖迷信等有害信息。随着网红经济的出现，视频行业逐渐崛起一批优质UGC内容制作者，微博、秒拍、快手、今日头条纷纷入局短视频行业，募集了一批优秀的内容制作团队入驻。

（7）剪辑岗位能力需求。

1）有清晰的逻辑思维。首先，剪辑师在进行剪辑时要做到全局规划，具体到每个素材间使用什么剪辑手法，从而得到最优效果；其次，作品要让看观众能看懂，就好似写文章的中心思想、主题及核心内容要传达到位；最后，要注意作品结构是否清晰、节奏是否紧凑，最终是否能激发观众的观看兴趣。

2）有做事的专注力。视频剪辑需要剪辑师沉下心来整理素材，分析每个镜头想表现的核心点。在此过程中，剪辑师要充分调动自身的感知，去挖掘由故事、画面、色彩、构图、音乐、情绪等构成的单个镜头的表现力。

3）有一定的艺术修养。视频剪辑创作是综合性创作，包括美术、音乐、文学等方面。如何通过剪辑把故事讲清楚体现的是文学修养；选择什么样的背景音乐和声效，体现的是音乐修养；根据影调、色调、画面构成进行素材挑选则是对美术修养的考验。

4）拥有强大的心理素质。剪辑师作为后期工作者必须要有强大的抗压素质。剪辑的工作不仅枯燥且烦琐，在与导演、摄像师等人进行沟通时，还经常出现想法不一致的矛盾，从而使作品需要反复修改，这需要花费大量的时间和精力。

二、素养养成

（1）当今时代短视频在全世界盛行，中央电视台点名表扬了李子柒，原话是：视频博主李子柒，让世界认识了美好的中国。为什么李子柒的作品能火遍全球？她的作品里，每一帧画面都有对家乡的热爱，看懂这种热爱不需要翻译。为中国代言，他们很行！中国的美就在我们身边，外国人如此热爱李子柒的视频也恰好印证了他们对中国的向往。我们应该讲好中国文化，弘扬传统文化，使中国的美影响更多的人。

（2）如今的短视频平台存在内容创作同质化严重，玩模仿、秀萌宠、拼搞笑的老把戏新意匮乏；平台只顾短期盈利，长期规划不足；监管不力、版权保护缺位，低俗内容和创意抄袭大行其道。作为影视从业者，我们一定要坚守职业道德，不要为了流量有意拉低创作质量，甚至扭曲价值观，要坚守职业道德、肩负社会责任才能创作出优秀的作品，把积极向上的、具有正能量的影视作品传递给更多的人。

（3）在评价环节，要提升艺术鉴赏能力，也就是审美能力。对同学们剪辑作品的价值、形式、内容等方面进行分析，并做出中肯的评价。在这个过程中，同学们也应取长补短，学习新的艺术形式或表现技巧。

（4）通过之前的学习与练习，我们在进行自命题音乐短片的剪辑设计时，要善于类推，触类旁通，活学活用所学的知识，这样才能更好地提升自己的综合能力。

三、模型演练

综合运用所学知识技能，填写自命题音乐短片剪辑设计单，见表 1-5。

表 1-5　自命题音乐短片剪辑设计单

题材：	歌曲名称：
剪辑主题：	
剪辑结构：	
感受音乐联想的画面：	
挑选素材的思维导图绘制：	
运用哪些流畅剪辑技巧或技术？	情绪爆发点的位置在哪里？如何处理？
蒙太奇方法如何运用？请具体说明	有无符号转场设计？请具体说明
运用哪些转场技术？	选择什么字体？为什么？片名和歌词如何排版？
其他说明：	

评价总结

一、自我评价（表 1-6）

表 1-6 个人自评表

评价维度	评价内容	分数	分数评定
知识获得	了解音乐短片的概念、发展、特点	1分	
	了解音乐风格和中国元素	1分	
	了解流畅剪辑的概念	1分	
	了解中华书法之美	1分	
	了解音乐的概念、中国音乐的发源	1分	
	了解新媒体和短视频的概念与特点	1分	
	掌握音乐的欣赏方法	1分	
	掌握音乐在传媒编辑中应用的原则	1分	
	掌握剪辑的核心要素，掌握音乐短片的剪辑特点	1分	
	掌握"起承转合"的叙事章法	1分	
	理解素材的共情	1分	
	掌握思维导图的使用方法	1分	
	掌握流畅剪辑技巧	1分	
	掌握画面与音乐情感匹配的方法	1分	
	掌握剪辑节奏的概念	1分	
	掌握观影心理与剪辑节奏的关系	1分	
	掌握踩点剪辑技巧	1分	
	掌握常用字体的气质	1分	
	掌握片名和歌词的排版原则与技巧	1分	
	掌握剪辑岗位工作的能力要求	1分	

续表

评价维度	评价内容	分数	分数评定
能力培养	具备较强的音乐感知能力	5分	
	具备较强的音乐短片剪辑主题挖掘与设计能力	5分	
	具备较强的音乐短片剪辑结构设计能力	5分	
	具备在音乐短片剪辑中正确挑选素材的能力	5分	
	能对音乐短片进行流畅剪辑，能熟练操作常用转场效果、字幕添加技术等	5分	
	具备较强的音乐短片剪辑节奏处理能力	5分	
	具备给音乐短片选择恰当字体的能力	5分	
	具备片头和歌词的字幕排版基础能力	5分	
	具备对音乐短片剪辑进行正确评价和鉴赏的能力	5分	
	具备恰当运用所学知识剪辑其他音乐短片的能力	5分	
素养养成	能有效利用网络、图书资源查找有用的相关信息等；能将查到的信息有效地传递到学习中	2分	
	能处理好合作学习和独立思考的关系，做到有效学习；能提出有意义的问题或能发表个人见解	3分	
	能发现问题、提出问题、分析问题、解决问题、创新问题	3分	
	审美能力得到提升	3分	
	具备文化自信，厚植家国情怀，能弘扬中华优秀传统文化，能批判地吸收西方文化，发展民族文化意识	5分	
	具备吃苦耐劳、勇于奉献的革命精神	2分	
	具备全局意识，具备规范操作及安全意识，具备细心、静心、耐心的素质，具备版权意识，具有精益求精的工匠精神	4分	
	能弘扬社会主义核心价值观，能培养影视从业者的社会责任感	5分	
	具备举一反三、合作沟通的能力	3分	
自评分数			

二、学生互评（表 1-7）

表 1-7　组内互评表

评价指标	评价内容	分数	分数评定 1	分数评定 2
过程表现	能按时完成课前、课中、课后任务	50 分（错一处扣 2 分）		
	能积极参与讨论			
	有个人见解，善于倾听他人意见			
	能与他人合作			
	知识理解正确，并能记住			
	方法使用恰当			
	技术操作正确、规范			
作业质量	剪辑主题设计符合社会主义核心价值观	5 分		
	剪辑结构设计合理	5 分		
	素材选择具有共情力	10 分		
	剪辑流畅	10 分		
	节奏感强	10 分		
	字体选择符合主题气质	5 分		
	片头字幕编排美观	5 分		
互评分数		（两个分数之和的平均数）		
评分人签字				

三、教师评价（表1-8）

表1-8 教师评价表

评价指标	评价内容	分数	分数评定
过程表现	能按时完成课前、课中、课后任务	50分（错一处扣2分）	
	能积极参与讨论		
	有个人见解，善于倾听他人意见		
	能与他人合作		
	知识理解正确，并能记住		
	方法使用恰当		
	技术操作正确、规范		
作业质量	剪辑主题设计符合社会主义核心价值观，有新意	5分	
	剪辑结构设计合理，有创意	5分	
	素材选择具有共情力	10分	
	剪辑流畅	10分	
	节奏感强，感染力强	10分	
	字体选择符合主题气质	5分	
	片头字幕编排美观	5分	
评价分数			
评价人			

项目二
片段叙事——微电影剪辑

项目简介

随着短视频的兴起，60 分钟以内的微电影已经无法满足人们快节奏的生活方式，越来越多的剧情短视频受到大家的喜爱。但无论时间长短，剧情完整与否，微电影和微剧情视频的后期剪辑要始终围绕人物的刻画，深入内心，传递深意。由于篇幅有限，本项目以电影《花样年华》的缩剪为题，训练大家通过分析电影人物，梳理电影美术线索，运用剪辑技巧来刻画人物，进行片段叙事的能力。在本项目实践过程中将训练微电影的编辑思维，掌握人物刻画的常用剪辑技巧，强化善用电影美术线索营造感染力，并能触类旁通，按照脚本剪辑其他微电影，发挥剪辑的二次创作能力。

项目描述

以《花样年华》的经典音乐"Yumejis Theme"为配乐，为电影《花样年华》剪辑一个 2~5 分钟的微电影。要求主题明确，线索清晰，具有一定的感染力。

学习目标

一、知识目标

1. 了解微电影的概念、发展；了解电影叙事线索的概念；了解时代元素的概念与特点；了解时

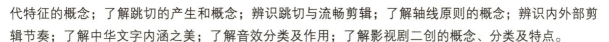

代特征的概念；了解跳切的产生和概念；辨识跳切与流畅剪辑；了解轴线原则的概念；辨识内外部剪辑节奏；了解中华文字内涵之美；了解音效分类及作用；了解影视剧二创的概念、分类及特点。

2. 掌握电影人物塑造的方法；掌握美术在刻画人物中的关键作用；掌握电影人物塑造的艺术手法；掌握微电影的剪辑核心和特点；掌握电影美术与人物刻画的关系；掌握跳切的特点和作用；掌握合理越轴的方法；掌握跳切的技巧；掌握内部节奏、外部节奏的概念；掌握内部节奏、外部节奏的剪辑技巧；掌握心理蒙太奇、杂耍蒙太奇的概念、特点；掌握片名的设计原则与技巧；掌握音效处理方法；掌握影视剧二创的要求。

二、能力目标

1. 具备人物形象的分析能力。

2. 具备较强的微电影剪辑主题的挖掘和设计能力；具备较强的微电影剪辑结构的设计能力；具备在微电影剪辑中正确挑选素材的能力；能对微电影进行熟练的跳切剪辑；具备较强的对微电影中人物情绪的剪辑节奏处理能力；具备较强的微电影情感表达的剪辑处理能力；能熟练操作时间冻结、抽帧扫尾等技术；能准确地给微电影设计片名；具备较好的音效处理能力。

3. 具备对微电影的剪辑进行正确评价和鉴赏的能力；具备恰当运用所学知识剪辑其他微电影的能力。

三、素养目标

1. 提升审美能力；培养文化自信；培养爱国主义精神；弘扬中华优秀传统文化；坚定制度自信；培养批判地吸收西方文化，发展民族文化的意识。

2. 培养吃苦耐劳、勇于奉献的革命精神。

3. 具备规范操作的良好习惯；培养细心、静心、耐心的素质；具备版权意识；培养精益求精的工匠精神。

4. 弘扬社会主义核心价值观；培养影视从业者的社会责任感。

5. 培养合作沟通能力；培养举一反三、合作沟通的能力。

知识准备

一、知识概念

（一）主题确定

1. 微电影的概念和特点

微电影是指专门在各种新媒体平台上播放的、适合在移动状态和短时休闲状态下观看的、具有完整策划和系统制作体系支持的，具有完整故事情节的"微（超短）时"（几分钟~60分钟）放映、"微（超短）周期制作（7~15天或数周）"和"微（超小）规模投资（几千~数千/万元每部）"的视频（"类"电影）短片，其在内容上融合了幽默搞怪、时尚潮流、公益教育、商业定制等主题，可以单独成篇，也可以系

列成剧。除上述特点外，微电影还具备电影的所有要素：时间、地点、人物、主题和故事情节等。

2．微电影的发展历史

微电影的发展近些年蒸蒸日上，但发展历史并不长。2006 年出现了微电影的雏形。在 2010 年，凯迪拉克的广告《一触即发》被视为国内首部微电影，当时在网络上引起巨大反响，因此，2010 年也被命名为"微电影元年"。之后登场的青春电影《老男孩》讲述了年轻人的梦想和现实，引起了众多观众的共鸣，再次掀起了微电影热潮。2011 年，中国首届大学生微电影节拉开帷幕，创作生力军正式加入。2012 年，"微电影产业发展高峰"在京举办，探究微电影行业的发展趋势，自此，微电影的发展愈演愈烈。

3．微电影的分类

微电影根据功用和创作目的不同，通常分为六类，分别是剧情微电影、广告微电影、宣教微电影、艺术微电影、科学普及微电影、校园微电影。微电影的创作题材可以涉及学校、家庭、社会各方面，覆盖范围非常广。青春、友情、爱情、梦想和困惑是每个人生命中不可缺少的，是永恒的话题，这样的电影最容易引起人们感情的共鸣。因此，从整体来看，主流的微电影创作多以青春、爱情、友情、亲情、励志、青春期成长的烦恼等为题材。

4．影片风格

影片风格是在电影艺术作品中呈现出来的具有代表性的独特面貌。电影风格是通过电影艺术作品表现出来的相对稳定、深刻，可以从本质上反映时代、民族和艺术家个人的思想观念、审美特征、精神气质等的内在特性和外部标志。如电影《花样年华》，该片导演是王家卫，于 2000 年 9 月上映，获得法国电影凯撒奖最佳外语片奖，被美国 CNN 评选为"最佳亚洲电影"第一位，被英国《卫报》评选为"21 世纪最佳影片 100 部"第 5 名。在这部影片里有着浓郁的王家卫风格，如从构图的角度讲，前景会经常设计遮挡物，模拟一种窥视感，而且经常出现密闭或较狭小的空间拍摄画面，很少看到远景等大景别的呈现。在色调上，可以明显感受到整体的鲜亮与饱满，而抽帧更是成为王家卫电影风格的一种标志。

5．人物分析视角

人物是电影的主要表现对象，人物也是推动电影叙事的主体。人物的喜怒哀乐牵动着每个观众的感情，人物可以认为是电影中许多元素的灵魂。优秀的影视作品总是可以塑造出生动形象的人物，让观众铭记在心。人物性格又是通过外在人物形象逐步显现出来的。这些人物之所以被成功塑造，主要是因为编剧、导演、剪辑师给了他们独特的性格，用各种形式和手段让他们成为鲜活的人物，并从银幕上走出来。如在电影《花样年华》中，苏丽珍悲伤于丈夫的背叛，压制住对周慕云的情愫。其一方面受制于道德的捆绑；另一方面又不服于命运的不公。而周慕云同样悲伤于妻子的背叛，慢慢流露出对苏丽珍的爱慕，却被世俗遏制。

6．主题价值

影视作品是具备宣传教化作用的。之前我们学习了正面的、积极的主题，如歌颂英雄，赞美亲情、爱情、友情等。而反面的题材仍然有抒发和表达的价值。它的作用在于鞭策人们，纠正思想，审视行为。

（二）结构设计

1．电影叙事线索

（1）人物线索。人物线索是指主角面临什么问题，如何解决，结果怎样。如在电影《花样年华》

中，周慕云与苏丽珍发现各自的配偶有婚外情后，两人开始互相接触，原本是想知道他们是如何开始的，结果发现彼此都已经喜欢了对方，但这段尴尬错位的爱情还是没能战胜传统礼教的束缚，周慕云被迫远走新加坡，试图忘掉这段感情。远离并不代表能够遗忘，周慕云最后对着树洞说出满腹心事。

（2）感情线索。感情线索是指人物的思想情感发生了什么变化，结果如何。如在电影《花样年华》中，周慕云与苏丽珍二人的情感，经历了痛苦—希望—压制—逃避的过程，形成一条全新的叙事线索。

（3）物件线索。物件线索是指某一具有特殊意义的物品有何变化。如在电影《花样年华》中，苏丽珍的绣花鞋是一个重要道具，它被周慕云带去了新加坡，后来苏丽珍悄悄来到新加坡，并去了周慕云的住处，无意中发现了她的绣花鞋并带走了它。周慕云回家后发现鞋子不见了，却看到桌上一个留着口红唇印的烟头，他知道她来过了。这个细节为两人的情感纠葛印上一道深深的遗憾。

（4）美术线索。美术线索是指刻画故事的美术元素有何变化，结果如何，比如电影《花样年华》的服装——旗袍。旗袍又称祺袍，是中国和世界华人女性的传统服装，形成于 20 世纪 20 年代，有部分学者认为其源头可以追溯到先秦两汉时代的深衣，虽然其定义和产生的时间还存有诸多争议，但它仍然是中国悠久的服饰文化中最绚烂的现象和形式之一。1984 年，旗袍被国务院指定为女性外交人员礼服。从 1990 年北京亚运会起，中国举行的奥林匹克运动会、亚洲运动会及国际会议、博览会多选择旗袍作为礼仪服装。2011 年 5 月 23 日，旗袍手工制作工艺成为国务院批准的第三批国家级非物质文化遗产之一。2014 年 11 月，在北京举行的第 22 届亚太经济合作组织会议上，中国政府选择旗袍作为与会各国领导人夫人的服装。

2. 微电影剪辑的核心和特点

（1）微电影离不开故事和人物，所以剪辑微电影的核心就在于很好地展开叙事和对人物进行深刻的塑造。

（2）微电影剪辑的特点是需要围绕主人公展开，并明确以下 4 点。

1）主人公的性格特点。常用中近景表现人物的动作和表情以刻画人物性格。

2）主人公与周围人物环境的关系。这是推动叙事的关键要素，需要将人物放置到一定的环境中，在故事的发生发展中突出人物。

3）主人公面临什么问题或困境，除通过剧情内容展开外，需要用一些特写加深印象，引起思考，并通过前后呼应的方法埋下伏笔，以增加剧情的可看性，渲染人物。悬疑大师希区柯克认为，要引起观众的好奇和紧张，就给出桌子底下有个炸药包的特写镜头。

4）主人公的内心矛盾。常用特写镜头展现人物的神情或利用环境中的有关物件折射出人物的内心想法与感受，也可以用一些蒙太奇手法来比喻、再现人物的情绪。

（三）素材选取

1. 时代元素

电影作为一种艺术表现形式，必然反映它所表现的那个时代的特征。每个时代都有当时最具代表性的东西，而这种典型的代表性同时也为各种艺术表现形式提供了丰富的创作素材。如可以思考当时的人们喜欢看什么书，看什么电影、电视，有什么娱乐方式，喜欢听什么样的歌，住在什么样式的建筑中。20 世纪 90 年代的中国，生机勃勃，那是一个怀旧的年代，也是一个迎接新时代的时代；它就像一段从旧世界到新世界的桥梁，有着太多的变迁和美好。迪斯科是舞动的青春，卡拉 OK 是激情的岁月，彩电、冰箱、洗衣机取代缝纫机、手表、自行车成为新的"三大件"，几位好友围坐在一起看

影碟机、录像带都是那个时代的印记。

2．时代特征

时代是指人类社会发展过程中不同的历史阶段。时代特征则是指与特定时代相适应的国际政治经济关系的基本状态，以及由世界的基本矛盾所决定和反映的基本特征。由于划分的依据不同，人们对时代及时代特征的认识也有所区别。简单来说，时代特征就是某个时间段在政治、经济、文化等方面所具有的现象和特殊性。不同的时代具有明显不同的特征，人们的生活和社会的发展也有很大差别。电影作为一种艺术表现形式，必然反映它所表现的那个时代的特征。每个时代都有当时最具代表性的东西，而这种典型的代表性同时也为各种艺术表现形式提供了丰富的创作素材。

（四）素材初剪

1．跳切的产生

戈达尔认为，电影不只是一种讲故事、传播信息或描绘感觉的载体，电影本身也应该是故事要表现的东西，它是一种感觉，一种人生经验。因此，戈达尔和其他"新浪潮"的导演们所探索的是通过镜头来表示"我在想什么"。他打破了好莱坞常规剪辑所遵循的动作流畅和时空有序的要求，以影片故事的内在联系或剧中人物内心的起伏为依据，运用跳切向观众们传达导演想给他们看到的东西。戈达尔在他的电影《筋疲力尽》中最先使用这种剪辑方法。该片一经问世便震惊了电影界，因为这在当时被认为是错误的剪辑手法，然而随着时代进步，再回头赏析时，会发现戈达尔的《筋疲力尽》是充满革命性的，跳切带来的节奏感和省略方式成为一种新的美学。

2．跳切的概念

跳切是一种剪辑手法。它改变了流畅剪辑的一贯原则，把原本连贯、连续的动作，剔除掉一些细节，进而不连贯地组接起来。它常常以观众的观影心理或电影情节的内在逻辑为依据，进行跳跃式的切换，目前已被电视艺术创作普遍使用。

3．跳切的意义

区别于流畅剪辑的一般原则，跳切技巧的出现，让人们对剪辑的认识迈上了新的台阶。剪辑不仅用于叙事，还可以帮助导演渲染情绪，表达主题，刻画人物。例如电影《筋疲力尽》中姑娘与作家面谈的片段，对于作家同机位、同角度的不连贯切换，突出了他的喋喋不休。

4．跳切的特点和作用

跳切的特点包括能大幅缩减时间，只保留重要的部分，省略时空过程，增加影片的速度感。

跳切具有如下作用。

（1）省略动作，加快叙事。如在电影《筋疲力尽》中，著名的"十二刀"就是加快叙事的表现，它对影片的故事情节或时空表达上起到压缩的作用。

（2）刻画人物，渲染情绪。电影的故事情节是围绕人物在叙事中展开的，运用跳切可以更好地进行人物塑造，突出人物的个性、特点，满足形象的符号化要求。如在电影《花样年华》中，苏丽珍去酒店找周慕云的那个场景就用到了跳切，以此表达她内心的犹豫与挣扎。

（3）交代背景，营造氛围。通常运用跳切交代故事发生的年代、地点，营造氛围，使观众具有带入感。同时，跳切也能强调突出某一情节的环境，增强叙事的感染力。

5．流畅剪辑与跳切的区别

流畅剪辑与跳切最本质的区别在于上下镜头是否变换了拍摄角度和景别。如在电影《港囧》中，有一场戏是主人公徐来在卫生间收拾打扮准备约会。在他剪胡须、戴隐形眼镜、涂护肤品的一组镜头中，拍摄方位、角度、景别没变，但动作不完整、不连贯，这就是跳切。再如在电影《乔乔的奇异幻想》中，同样是在镜子前的一番穿衣镜头，因为拍摄方位、角度、景别的改变，尽管动作不完整、不连贯，但是仍然属于流畅的镜头组接，它属于流畅剪辑中静接静的硬切，而不是跳切。另外，值得注意的是，如果上下镜头的拍摄方位、角度、景别都没有变，但是场景变了，则属于流畅剪辑中的无缝剪辑创意，而不是跳切。

6. 轴线原则

轴线原则是指在用分切镜头（三镜头法）拍摄同一场面中的相同主体时，摄像机镜头的总方向须限制在同一侧（如果轴线是直线，则各拍摄点应规定在这条直线同一侧的180°以内）。任何越过这条轴线所拍摄的镜头，都将破坏空间统一感，这些都叫作"跳轴""越轴""离轴"现象。

（五）节奏调整

1. 内部节奏

内部节奏指的是剧情发展的内在矛盾冲突和人物内心情感变化所形成的节奏，即情节节奏和内心节奏。它表现为一种内在的叙述的观念形态，只有通过审美的直觉去感知才能获得。它往往通过戏剧动作、场面调度、人物内心活动来显示。换而言之，内部节奏就是剧中人物根据剧情需要由演员掌控的节奏。内部节奏的表现形式主要是画面主体的运动节奏，即主体运动速度的快慢。在画面中主体的运动是形成影片画面内在张力的最基本因素。主体运动速度快，那么传递到画面外的节奏就快；否则反之。但有些时候，主体虽然运动相对缓慢，但却能给人一种相对比较强烈的节奏感，这是由于其影片的内在情节及影片的表现形式这两者相互作用、结合所形成的整体节奏。如在电影《雷雨》中，当周萍得知自己与四凤是兄妹时，他并没有大范围地移动，只是后退几步，看向周围的人，表情似笑似哭，最后开枪自杀，在短短的时间里把他的懦弱、妥协、摇摆、矛盾表现得淋漓尽致。而严酷的现实让四凤无法承受，她冒着大雨冲向花园，碰到漏电的电线而死，周冲去救她也触电身亡。画面主体运动范围广、速度快，内外的调度让观众的情绪更加投入，感受到人物的可悲与可叹。

2. 外部节奏

外部节奏是镜头组接之后所产生的节奏，同时，它也指影片在画面中所呈现的主体的运动，如摄像机的运动、镜头剪辑频率、音乐的节奏强弱快慢、解说词的语速等所产生的速度与节奏。它通常是以主体的动作、镜头的运动及蒙太奇剪辑形式来实现。因此，剪辑的外部节奏主要是指外在表现形式，诸如镜头的运动、场面调度、剪辑频率等方面的节奏。如在电影《雷雨》中，繁漪眼看无法阻止周萍带走四凤，便大声呼喊周朴园，周朴园出来与侍萍四目相对时，摄像机的镜头快速地从中景推至面部特写，强调彼此再次相见的震惊之感，形成了通过景别变换加快叙事的外部节奏。在电影《罗拉快跑》中，罗拉跑了三次，三次的节奏均不同。这是通过镜头切换频率和大量运动镜头的运用及单个镜头的时间长短形成的外部节奏，用以叙事和刻画人物。

3. 辨识内外部剪辑节奏

内部节奏是一种感觉，主要是指故事内容、情节叙事上的节奏。这种感觉借助演员的表演、动作、调度、景物、道具等将情绪表现出来。外部节奏是一种可以直接看到、听到的节奏形态，如摄像机的运动、剪辑的频率、音乐的强弱快慢等。

如在电影《雷雨》中，周朴园在不知周萍与四凤关系的情况下逼迫周萍认母，镜头此时把主视角放在周萍身上，他与四凤在震惊中环顾四周，既有惊讶的繁漪、不知所措的周冲、痛苦默认的侍萍、也有恍然大悟的周朴园，当镜头再次切换到周萍与四凤时，二人的情绪已经崩溃，夹杂在情感、性格、道德纠缠的挣扎中心力憔悴，最终酿成悲剧。这样的镜头在频繁切换中，为二人崩溃铺垫了情绪、延长了时

间，制造出紧张、尴尬又具有悬念的气氛。这离不开演员的精彩表演，其是内部节奏的主要体现，也离不开摄像机的运动、镜头的切换及雷雨声的设计，这些都是外部节奏的体现。

（六）蒙太奇应用

1. 心理蒙太奇的概念及特点

心理蒙太奇是人物心理的可视化表现，是电影中心理描写的重要手段。它引导观众的注意力，激发观众的联想，渲染某种情绪，在现代电影中被广泛运用。心理蒙太奇主要通过画面镜头组接或声画有机结合，形象生动地展示出人物的内心世界，常用于表现人物的梦境、回忆、闪念、幻觉、遐思等精神活动。

例如，在2001年的法国电影《天使爱美丽》中，女主角"爱美丽"和梦中情人尼诺相约在咖啡店见面，尼诺迟到了几分钟。此时的"爱美丽"陷入幻想，她觉得爱人可能遭遇绑架，身陷困境，一连串的恐怖事件纷至沓来，最终导致她的爱情破灭。在这个段落中导演采用黑白胶片拍摄，并运用了一种伪纪录片的手法，剪辑了许多老电影和纪录片的桥段，加之多个战争和爆炸场景的积累表现，不仅完美表现了"爱美丽"复杂的内心波动，还瞬间提高了影片的喜剧效果，达到了"一箭双雕"的效果。

2. 杂耍蒙太奇的概念和特点

杂耍蒙太奇是比抒情蒙太奇的情绪或观点表达更为强烈。看似毫不相干的两个镜头，可能在某种意义上有着一定的关联，这样的镜头组接起来会产生强烈的冲击，既可将创作者将想要表达的情感传递给观众，又成为观众在观影过程中的一种深度体会与感染。如在案例《我要进前十》片段中，墙上的钟表、滴水的水龙头、父亲生气抽动的嘴角、攥紧的拳头和儿子不停从盘中夹出蒜瓣的特写连续地、越来越快地进行镜头切换，让观众强烈感受到父子情绪紧张对立的感觉。墙上的钟表与滴水的水龙头并不与父子二人同处一个时空，但把看似不相关的却能与情绪匹配的镜头组接在一起的时候，却呈现出另外一种完全不同的情绪，这就是杂耍蒙太奇。

（七）片名设计

（1）中华文字内涵之美。汉字是世界上最富美感的文字。经过五千多年的悠久历史，汉字虽然饱经沧桑，却依然青春永驻。楔形文字、玛雅文字等古文字虽曾辉煌一时，但最终还是抵挡不住岁月的侵蚀，成为历史的遗迹。唯有汉字历久弥新，神采飞扬。汉字是如此奇妙美曼，令人神往。文字源于生活，许多汉字展示了汉民族创造出来的璀璨文化。千百年来，在默默地传承中，汉字满载着中华民族生活的才智。汉字是中国文化的根，它具有丰富的人文内涵。一个个方方正正的汉字，道出了中国人的骨气与伟岸。一笔笔灵动流畅的点画勾提，更反映了我们祖先的美好心灵。

（2）汉字是世界上最能给人以美感的文字。汉字的韵味需要细细品味，慢慢咀嚼。有些字，是一幅生动的图画；有些字，是一个有趣的故事；有些字，是一段复杂的历史；有些字，说的是生活常理；有些字，谈的是科学道理；有些字，讲的是深刻的哲理。每个汉字都值得我们欣赏、品味和探讨。例如，林语堂大师曾对"孤独"二字做了有趣的拆解，他说："稚儿擎瓜柳棚下，细犬逐蝶窄巷中。人间繁华多笑语，唯我空余两鬓风。""孤独"这两个字拆开来看，有孩童，有瓜果，有小犬，有蚊蝇，足以撑起一个盛夏傍晚的巷子口，人情味十足。可这些都与你无关，这就叫作孤独。

再如，下面的一纸英文情书你会怎么翻译？

l love three things in this world.Sun,Moon and You.

Sun for morning,Moon for night, and You forever.

我们可以这么翻译：

浮世三千，吾爱有三。日、月与卿。

日为朝，月为暮。卿为朝朝暮暮。

同为汉字，我们再来感受一下古文和现代文的区别。先秦时期的《越人歌》与现代诗人舒婷创作的《思念》同为表达相思之情的作品，下面对它们进行赏析。

越人歌——佚名（创作于先秦时期）

今夕何夕兮，搴舟中流。今日何日兮，得与王子同舟。

蒙羞被好兮，不訾诟耻。心几烦而不绝兮，得知王子。

山有木兮木有枝，心悦君兮君不知。

思念——舒婷【创作于 1980 年】

一幅色彩缤纷但缺乏线条的挂图，

一题清纯然而无解的代数，

一具独弦琴，拨动檐雨的念珠，

一双达不到彼岸的桨橹。

蓓蕾一般默默地等待，

夕阳一般遥遥地注目。

也许藏有一个重洋，

但流出来，只是两颗泪珠。

呵，在心的远景里，

在灵魂的深处。

思念是一种心情，也是无形的心绪。有"衣带渐宽终不悔，为伊消得人憔悴"，也有"酒入愁肠，化作相思泪"。有"心悦君兮君不知"，也有"在心的远景里，在灵魂的深处"。无论身处何时，无论它幻化成古文还是现代诗，相思之情总能如哀似诉、凄婉低徊地穿过时空，直抵我们的心灵。这就是汉字的独特韵味。

（3）音效的分类及作用。音效就是指由声音所制造的效果，是指为增进某一场面的真实感、气氛或戏剧讯息而加于声带上的杂音或声音。所谓的声音则包括了乐音和效果音、数字音效、环境音效、MP3 音效（普通音效、专业音效）。音效按照用途可分为环境音、动作音、拟声音等。

二、方法工具

（一）主题确定

我们常常通过人物处理事情的态度、生活工作的习惯、说话的语气语调及身份地位等诸多方面进行人物的分析。随着故事的发展，人物性格乃至价值观往往发生变化，这个变化通常是一个"生死"决定。从变化中观察人物的穿衣打扮、内心活动、言行举止会对人物的性格分析提供较大的帮助。如在电影《花样年华》中，为了避嫌周慕云搬去了旅店，苏丽珍听闻他生病后，决定去看他。苏丽珍来到旅店的言行举止就有很大的变化，包括她不穿旗袍而改了一身红裙，走路急匆匆地，从而反映出传统的家庭观在抑制着她的情感，尤其是那句"我们和他们不一样。"

（二）结构设计

电影人物塑造的艺术手法首先是由电影剧本决定的，这一点在剪辑课程中我们不展开叙述，其次是由电影的制作过程决定的，包括摄影中的构图、灯光、运镜和场面调度，以及电影美术中的服装、道具、色彩等。

（三）素材选取

电影美术不仅可以展示电影主题和导演的创作特点、风格，也可以揭示电影情节的发展和每个电影人物的形象和性格。如果房间里有一张结婚照，表示剧中人物已婚，根据上下故事内容的关联，还可以隐含很多内容。如果房间里有一套警察服，可以说明剧中人物的职业。如果房间里有一面墙全是演唱会的海报，可以反映房间主人在追星或自己梦想成为歌手。这些美术元素都用于刻画人物的细节。再如在电影《花样年华》中，最能体现美术特色的是苏丽珍的各种各样的旗袍。不同的时间和场景中旗袍的颜色变化使旗袍与布景的对比更为突出，可以深刻地表现出她当时的内心世界和心情，同时给观众带来思考空间。例如，苏丽珍在日常生活中会穿着一些浅色系的暗调旗袍，表现出她内心的平静和从内而外散发出的传统的、温婉的性格特征，给观众留下深刻的印象。当苏丽珍去酒店时，她换上了和以前那种淡雅风格不同的鲜艳的红色旗袍，可以看出她的情绪高涨，兴奋且紧张。

（四）垒材初剪

1. 跳切技巧

完成一个动作会有一个运动轨迹，完成一组动作会有一组运动轨迹。将这些运动轨迹绘制出来，可以明显地看到幅度，这就是动作幅度。跳切要找到动作幅度及动作最大点，完成精准剪辑，以使效果最好。一般跳切的剪辑有以下 3 种方法。

（1）抽取法：同机位抽取连贯动作的部分镜头，使其不连贯。

（2）顿推法：利用镜头在运动过程中的停顿来呈现顿推效果，产生不连贯的跳跃感。

（3）两极镜头组接法：跨连续景别组合，尤其是特写接全景或远景，以及视觉中线点转移。

2. 合理越轴的方法

（1）插入特写或空镜头。技巧点：特写或空镜头的景别一定要小，画面内容应尽量回避镜头内容的位置关系。

（2）插入中性镜头。技巧点：中性镜头中一般没有明确方向的主体运动，它的运动方向要与镜头垂直。

（3）借势越轴。所谓借势就是指借助拍摄对象的视线或动作改变而越轴。技巧点：视线或动作的转变要明显；要找准视线或动作转变的瞬间；前后镜头应衔接流畅。

（4）借助摄像机的运动越轴。通过摄像机的运动，让观众直观地看到镜头是怎么通过轴线的一侧到另一侧的，这也是合理越轴的一种方法。

3. 软件操作演示

（1）跳切剪辑操作。跳切的目的是打破常规状态镜头切换时所遵循的时空逻辑，以较大幅度进行跳跃式镜头组接。在进行微电影剪辑时，需要结合场景与情节，恰当地使用跳切，进而达到省略时空、加快叙事、突出某些必要内容的目的。

视频：跳切

方法一：视觉中心点转移。

操作步骤如下：

1）根据素材找到第一个主角坐着的镜头，延续几秒后，用工具栏中的"裁剪"工具（快捷键C）将起身前的镜头裁剪，如图2-1所示。

图 2-1

2）将起身的过程删减，直接拖动到主角已经起身的画面，如图2-2所示。

图 2-2

3）单击镜头衔接的空白处，按 Del 键删掉空白处，连接素材，如图 2-3 所示。

图 2-3

4）继续找到下一个对方已经坐下的镜头，用裁剪工具（快捷键 C）进行裁剪，如图 2-4 所示。

图 2-4

5）单击起身过程画面，按 Del 键删掉，如图 2-5 所示。

图 2-5

6）将三个不同位置的人物连接在一起，完成跳切剪辑，如图 2-6 所示。

图 2-6

方法二：动作抽离。

操作步骤如下：

1）双击素材，在左上角预览窗口找到扎头发手势较高的地方选择"｛"（标

视频：动作抽离

记入点），在手势放下前选择"}"（标记出点），只拖动画面到视频轨道中，如图 2-7 所示。

图 2-7

　　2）在预览窗口中找到拧口红的动作，在合适的画面中标记入点、出点，拖动到视频轨道中，如图 2-8 所示。

图 2-8

3）在预览窗口中标记涂口红的入点、出点，继续拖动到视频轨道中，如图 2-9 所示。

图 2-9

4）在预览窗口中标记拿眉笔的入点、出点，继续拖动到视频轨道中，如图 2-10 所示。

图 2-10

5）在预览窗口中标记描眉的入点、出点，继续拖动到视频轨道中，如图 2-11 所示。

图 2-11

6）根据素材依次找到全部化妆的主要动作并选取，最终找到出门画面来选择开门和出门的跳切，拖动到视频轨道中，如图 2-12 所示。

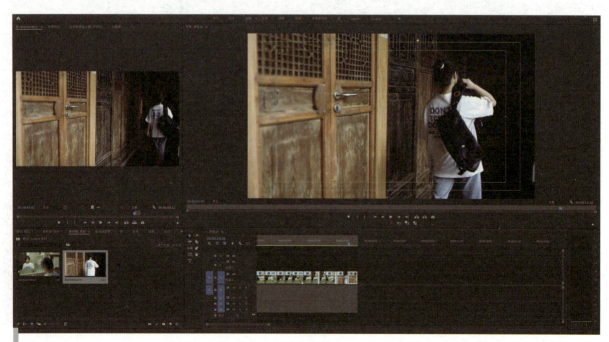

图 2-12

7）选取合适的背景音乐，预览剪辑效果再适当调整画面长短，如图 2-13 所示。

图 2-13

（2）抽帧拖尾效果制作。在微电影的剪辑创作中，为了更好地表达剧中人的情绪，可以用抽帧来模拟低速摄像的感觉，以达到与角色的情感吻合，凸显影片主题的目的。

操作步骤如下：

1）在效果面板中搜索"色调分离时间"，将此效果拖入时间线素材，如图 2-14 所示。

视频：抽帧拖尾
效果制作

图 2-14

2）找到"效果控件"选项卡中的"色调分离时间"菜单，默认的"帧速率"是"24"，将"帧速率"改为"6"，如图 2-15 所示。

图 2-15

3）在抽帧的基础上，按住 Alt 键复制一个视频，如图 2-16 所示。

图 2-16

4）将复制的视频拖到原视频上方的视频轨道中，并向后拖动 2~3 帧，如图 2-17 所示。

图 2-17

5）降低上方视频的透明度，降低到 30% 左右，如图 2-18 所示。

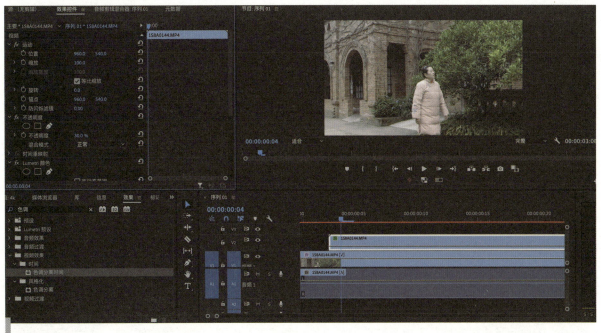

图 2-18

（五）节奏调整

内外部节奏的剪辑技巧：通过摄像机的运动节奏、蒙太奇组接节奏、镜头的景别变化节奏、镜头的长短节奏等来实现。

（1）摄像机的运动节奏。这一技巧是运用摄像机的推、拉、摇、移、跟、升等镜头拍摄来产生外部节奏。这种节奏的快慢缓急主要是由摄像机不同的运动方式所形成的，摄像机运动速度快则节奏感强；运动速度慢则节奏感弱。对于同样一个画面，我们用推镜头去拍摄同样一个画面，分别用时 1 秒和 5 秒，前者相对来说会让人感觉显得更加急促、紧张，而后者则给人相对舒展、流畅的感觉。

（2）蒙太奇组接节奏。影片的后期编辑一般可能用到连续、交叉、平行、重复、比喻等蒙太奇手法将先前采集到的大量镜头组合在一起，使影片情节更加生动精彩，然后通过声音及画面的结合，达到营造意境、传递感情、表达思想的目的。因此，不同的蒙太奇组接也可以形成不同的外部节奏。

（3）镜头的景别变化节奏。不同景别的变换对影片的节奏同样可以产生影响，观者在看不同景别的物体时，大脑接收信号所需要的时间是不同的。一般来说，对于相同的物体，用大景别拍摄，表现出来的外在节奏感会相对较弱；如果采用小景别拍摄，那么表现出的外在节奏就会较强，因此，在编辑视频时，将连续的大景别镜头连接在一起，画面表现出的外部节奏就快；如果将镜头景别连续从小到大连接在一起，那么外部节奏就会相对来说平缓一些，如果镜头景别连续从大到小变化，则会给人一种外部节奏趋向急促的感觉。

（4）镜头的长短节奏。每个镜头的时间长度是不一样的，可以根据镜头时间长短将其分为长镜头和短镜头。镜头的时间长短可以使用不同的镜头节奏，一般来说，长镜头运用较多的视频，其外部节奏缓慢；而短镜头运用较多的视频，它传递出来的外部节奏相对来说较快。镜头时间长度应根据所表现的画面内容来确定，在前期视频拍摄和后期视频编辑中，要认真分析和研究镜头的时间长度对节奏产生的影响规律，根据视频的主体和传达的内容表现需要，恰当、准确地对镜头的时间长度进行取舍，以此增强镜头画面所传递的外在语言表达。

（六）蒙太奇应用

（1）心理蒙太奇方法技巧：心理蒙太奇往往通过人物的回忆或心理活动等镜头来表现。可以通过镜头色彩来区分现实与心理时空。例如，女孩与男孩相遇时却形同陌路，让女孩想起了曾经的点滴。因为现实是悲伤的，所以创作者选择把现实空间的镜头调成黑色，回忆是美好的，所以对回忆的镜头保留彩色。

（2）杂耍蒙太奇方法技巧：杂耍蒙太奇往往用看似不相干的镜头来表达深层的含义，它可以是一组镜头，也可以是一个长镜头。在剪辑时可以直接放在需要表达的位置，也可以穿插在一组连贯的镜头中。

（3）软件操作演示。

1）闪白转场效果制作。闪白是转场中常用的一种效果，主要起到过渡的作用。如在微电影创作中，表达回忆的片段，就可以利用闪白特效来告诉观众，主人公开始回忆了，以下是回忆内容，而不是直接出现回忆画面，让观众觉得思路混乱。

视频：闪白转场效果

操作步骤如下：

①选择"效果"面板→"视频过渡"→"溶解"→"白场过渡"选项，或直接在"效果"面板中搜索"白场过渡"，如图 2-19 所示。

图 2-19

②将"白场过渡"效果拖到两段视频的连接处，拖动轨道中的白场过渡效果可以调整过渡时间的长短，如图 2-20 所示。

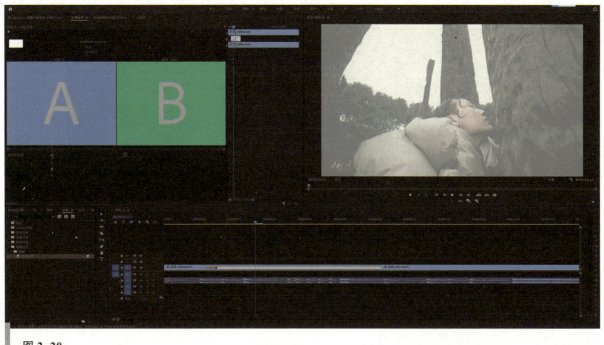

图 2-20

2）闪回黑白效果制作。黑白色调在微电影剪辑创作中，通常也是在回忆场景中使用，它与闪白不同的是，黑白的色点更能把人带入逝去的时光，形成一种对比，更有助于渲染人物内心情绪。

操作步骤如下：

①单击 Pr 上方的"颜色"面板，在右方"Lumetri 颜色"面板中展开"创意"选项，如图 2-21 所示。

视频：闪回黑白效果

图 2-21

②在"Look"下拉列表中选择"SL NOIR NOUVELLE"或其他黑白色调效果，如图 2-22 所示。

图 2-22

③可适当改变强度来调整颜色，如图2-23所示。

图2-23

3）时间冻结效果制作。人物情绪的塑造是微电影剪辑中的重要一环，时间冻结效果可以让我们在电影时空中随意停止时间，通常结合片中人物的情感进行表达，如暂停时间，所有人物如同静止一般，只让主人公踽踽独行，对比之下烘托出场景情感。

视频：时间冻结效果

操作步骤如下：

①导入素材，找到打响指的瞬间，用"剃刀"工具切开并导出帧添加到序列中，如图2-24所示。

图2-24

②单击静止帧，在"效果控件"选项卡中选择蒙版，将右侧女孩框选出来后，勾选"已反转"复选框，如图 2-25 所示。

图 2-25

③单击这一层的蒙版，按"Ctrl+C"组合键复制，单击 V1 轨道中的视频素材，在"效果控件"选项卡中单击"不透明度"选项，按"Ctrl+V"组合键粘贴，取消勾选"已反转"复选框，如图 2-26 所示。

图 2-26

④找到第二次打响指的位置，将静止帧素材后面部分删除。按住 Alt 键，将 V1 轨道中的素材复制一层，如图 2-27 所示。

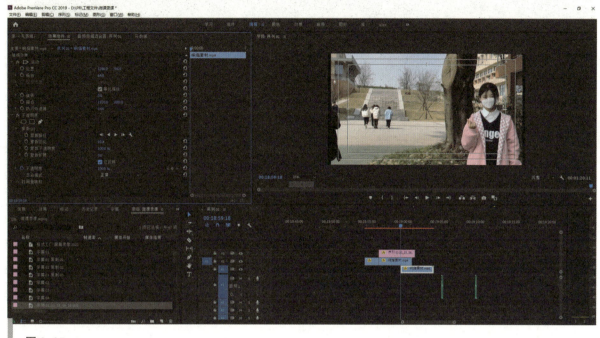

图 2-27

⑤整体视频轨道素材上移，复制的素材置于 V1 轨道，与静止帧结束的位置对齐，勾选"蒙版"→"已反转"复选框，如图 2-28 所示。

图 2-28

⑥将所有蒙版的羽化值调为 0，将响指音效置于打响指的位置，效果完成，如图 2-29 所示。

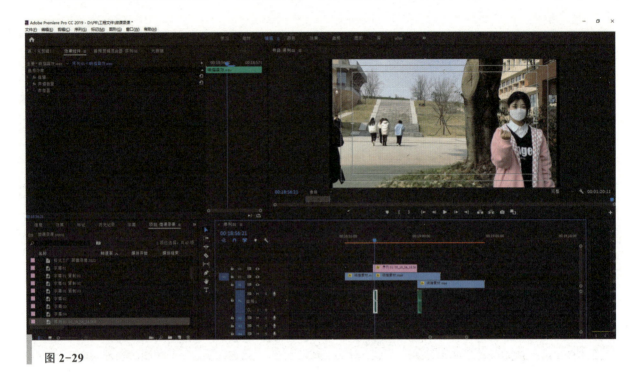

图 2-29

（七）片名设计

1. 片名设计技巧

（1）突出主题。

（2）以动宾结构凸显内容。

（3）巧用文字突出内涵。

（4）简约。

（5）通俗易懂。

如电影《让子弹飞》，它讲述了悍匪张麻子在机缘巧合之下替代马邦德上任鹅城县长，并与鹅城的恶霸黄四郎展开一场激烈争斗的故事。这个电影片名很有意思，"让子弹飞一会儿"是主角张麻子说的一句重要台词，其具体含义就是子弹打出去了，不要急着马上就能看到结果，从容一点儿，自信一点儿，该来的一定会来。这个含义不仅突出了影片主题，而且通俗易懂，让飞的过程更具有内涵，后来成为一句时尚的网络短语。而片名结构也很好地映衬了主题，让人过目不忘。

2. 软件操作演示

（1）文字飞入效果制作。字幕在微电影的叙事体系中具有重要作用，但由于时长较短，信息量却很大，在处理字幕时需要注意考虑以何种形式达到信息传递的目的。文字飞入就是一种常用方法。

操作步骤如下：

1）在项目面板里新建颜色遮罩，在"拾色器"里可以选择合适的背景颜色，单击"确定"按钮，如图 2-30 所示。

视频：文字飞入效果

图 2-30

2）将颜色遮罩拖入时间线。在工具栏中选择"文字"工具，单击右上角的预览画面，输入文字，在右上角效果空间里选择合适的颜色、字体、字号，将文字对应放在视频上方，如图 2-31 所示。

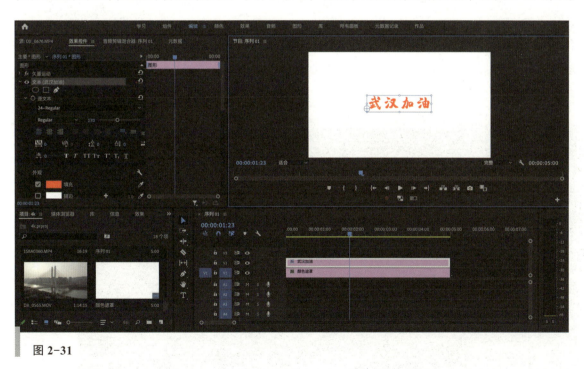

图 2-31

3）在"效果控件"选项卡中选择"文本"→"变换"→"缩放"选项。第一帧缩放大小变大，这里调整为 500，移动时间线到 1 秒的位置，添加关键帧，将缩放数值改为正常大小 100。同理，左右移动飞入可选择变化中的位置，如图 2-32 所示。

图 2-32

（2）3D 环绕音效果制作。3D 环绕音可以完美地再现声音的层次感，会增强观众对片中场景的体验，例如，当设计一个人物处于密闭空间，敌明我暗的场景时，3D 环绕音会大大增强神秘感与紧张感，使观众沉浸到场景之中。

操作步骤如下：

1）将音频拖入音轨，复制一层音轨到音轨二。选择音轨一中的素材右键，选择音轨声道，取消 L 声道（左声道），只保留 R 声道（右声道），如图 2-33 所示。

视频：3D 环绕音
效果制作

图 2-33

2）选择音轨二中的素材并单击鼠标右键，选择音轨声道，取消 R 声道（右声道），保留 L
声道（左声道），如图 2-34 所示。

图 2-34

3）选择钢笔工具或使用快捷键 Ctrl，为音轨添加关键帧，每段音轨每隔几秒打一个关键帧，如
图 2-35 所示。

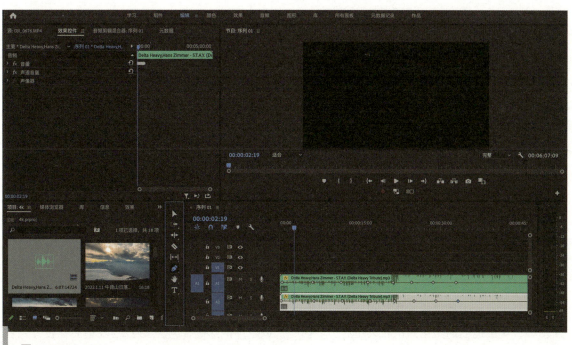

图 2-35

4）在升高音轨一的关键帧的同时，对应地降低音轨二中的关键帧。注意不要使音轨音量大小超过 0 分贝，如图 2-36 所示。

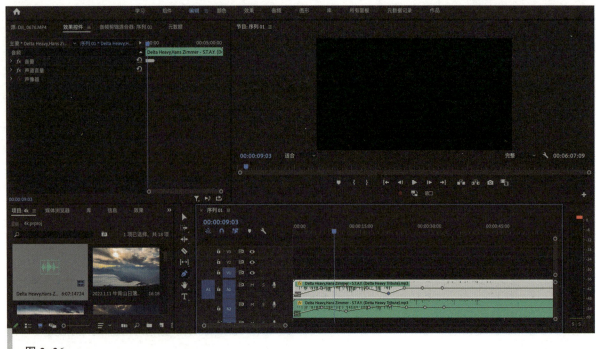

图 2-36

三、素养养成

（一）主题确定

（1）通过查阅《红高粱》中九儿的人物资料，对其分析不难发现九儿不仅颠覆了贤妻良母、窈窕淑女这样的柔弱女子的传统形象，而且赋予书中女性更多的阳刚之气和雄性特征，塑造了真正的女中豪杰，并真实地颂扬了这种"女性中的男性"。在女性世界里发现并鉴赏原属于男性的雄强之美。面对日军的侵略她不怕牺牲，勇于抗争，这种伟大的爱国主义情怀和革命精神值得我们学习、继承、发扬。

（2）旗袍是中国女性的传统服饰，被誉为"女性国服"。虽然旗袍产生的时间尚有争论，但源头可以追溯到先秦时期，是我国最悠久的服饰文化之一。随着时代的发展、观念的改变，在大学校园中也出现了汉服、旗袍文化。作为影视从业者，应该大力弘扬优秀的传统文化，把更多的美带给更多的人。

（3）好的电影是有教育意义的，影视艺术的综合性决定了它的教育功能的多维性，它能够把娱乐、教育、认知、审美完美地结合起来。作为影视从业者，可以通过美的欣赏与创造活动来陶冶大众的心灵，提高大众的道德情操，有意识、有计划地培养和提高大众的审美趣味与审美观念，激发他们的创新精神，丰富他们的文化知识和人生经历。因此，微电影的选题非常重要了，我们要在设计中注意影视作品的教化意义。

（4）在确定主题的时候，要旁求博考，力求实事求是，养成求真务实的工作作风；在设计剪辑主题的过程中，要多方探究，养成合作沟通的职业素养。

（二）结构设计

（1）在美术线索的分析过程中，我们了解到旗袍的起源与历史。时至今日，旗袍在世界上有着广泛的传播和影响力，诸多外国人，上至名流下至普通人都热衷于身穿旗袍出席盛会，这是中国服饰文化影响力的缩影，也是中华文化魅力的缩影。因此，我们要坚定文化自信，在剪辑的实践过程中更好地发扬优秀的中国传统文化。

（2）歌德曾说："审美鉴赏力不是靠观赏中等作品，而是要靠观赏最好的作品才能培育成的。"电影《花样年华》获得 53 届戛纳国际电影节金棕榈奖提名、第 37 届台湾电影金马奖、第 20 届香港电影金像奖等二十几个国内外奖项。电影独特的镜头语言魅力和王家卫独特的电影风格与电影主题、故事人物完美结合，成为经典。我们要通过分析电影主题、人物性格和美术特色、镜头语言来学习借鉴，提升自身的审美能力。

（3）我们都知道爱情是人类社会的重要情感之一。封建社会有制度约束，新时期有道德评判。但有国才有家，有爱才有家。当面临民族危机、国破家亡之时，应该舍弃小我，肩负社会责任。作为当代优秀青年，在大好的青春年华，理应学习好文化知识，掌握好技术技能，增强社会责任感，利用所学知识传播更多优秀的、积极向上的、符合社会主义核心价值观的作品，为国家贡献力量。

（4）在角色扮演练习的过程中，我们在体会人物的同时，还要注意这是一个团队的合作，良好的沟通是呈现最好效果的前提，在以后的工作过程中，都应该保持敬业求真、合作沟通的职业素养。

（三）素材选取

（1）我们查询资料获知 20 世纪 60 年代的香港生活日常及服装打扮，从旗袍入手刻画人物情感的美术叙事线索就显得更为贴切且高级。而且在探究旗袍背后的历史故事时，已然感受到中华文化的源远流长。所以，在工作生活中，一方面要坚定文化自信；另一方面要深入了解时代元素与特征，因为从古至今，每个时代都具有当时最有代表性的物品，而这种典型的代表性正是我们需要抓住的，时代特征本身就为我们提供了丰富的创作素材。

（2）我们在查询资料寻找时代元素与特征的时候，关系到人们生活起居的建筑是很容易引起关注的。香港以前多为西式建筑，这是因为鸦片战争后，清政府无力抗衡，香港岛被迫割让给英国。自此，香港出现了越来越多的西式建筑，主要以英式和欧式建筑为主。中国古建筑以木结构为特色，其建筑的历史文化源远流长。在欣赏西方建筑的同时，要更多地去发现、学习、弘扬我们民族的建筑美学，将两者结合，学会批判地吸收西方文化。谈起鸦片战争，要以史为鉴，勿忘先辈奉献，爱党爱国，珍惜今朝和平。

（3）选材过程考验细心与耐心，在工作过程中所有的素材都可能有价值，我们要在素材库中有序地、细心地寻找想要选取的内容，在这个过程中需要保持匠人之心，静心寻找，耐心观察。

（4）在挑选素材的时候，要打开思路、积极探究，合理运用头脑风暴来激发灵感，提高创造力，在探究过程中，还要注意交流的方式方法，养成良好的合作沟通的职业素养。

（四）垫材初剪

（1）我们在使用抽取法进行剪辑的时候，一定要清楚动作幅度的概念，不仅要知其然，还要知其所以然。同时，一定要找准剪辑点的位置，即动作幅度最大的地方，一定要一帧一帧地仔细查找，养成精益求精的品质。

（2）在剪辑对话场面的时候，为了避免造成视觉或时空的错乱，一定要严格遵循轴线原则，不能随意越轴。如有特殊情况或效果需要，也务必使用越轴的方法使其合理化。没有规矩不成方圆，做人做事都要坚守原则，养成良好的职业规范。

（3）在探究跳切方法的过程中，要积极思考，善于与同学交流碰撞，养成良好的合作沟通的职业素养。

（五）节奏调整

（1）《雷雨》是剧作家曹禺创作的一部话剧，发表于 1934 年 7 月。它在中国现代话剧史上具有极重大的意义，被公认为中国现代话剧成熟的标志，曹禺先生也因此被誉为"东方的莎士比亚"。我们在分析、解读《雷雨》时，可以感受到这部著作对于戏剧情景的深刻描述、对于人物命运的多重刻画所呈现出的戏剧张力，其既有快慢，又有停顿，在节奏上发生从急促到舒缓再到急促的变化，使读者的心态不停随着剧中人物变化。这是文字的力量，也是节奏的力量，我们在这个过程中，需要用心感受，得到优质文化的浸润。

（2）《雷雨》作为一部经典话剧，被翻拍了多次，成就了多部经典电影。比如 1984 年孙道临先生导演的版本中，通过情节的发展、演员的表演、视听语言的影像造型等多方面不停地调动观众情绪，吸引观众的注意力，去叙述家庭矛盾纠葛、怒斥封建家庭的腐朽顽固，在节奏的变化中引起观众的深入思考。当然，我们知道这是时代的悲剧，也是制度的悲剧。现如今没有这种事情的发生正是因为我们的制度发生了根本性的变化，所以我们要坚定制度自信，做优秀的社会主义建设者和接班人。

（六）蒙太奇应用

（1）幻觉是心理蒙太奇的一种表现形式。在现实世界中，可以利用现代化技术呈现某种心理。例如，韩国的一部纪录片就利用 VR 技术让一位母亲与三年前因病去世的女儿实现"重逢"。这种时空的错位让人潸然泪下，但也产生了争议。因为这位母亲过度迷恋这种技术，在思念女儿的痛苦中不能自拔，无法面对现实生活。在专业学习中，要正确认识艺术与科技的关系，树立正确的价值观。

（2）2022 年北京冬奥会总导演张艺谋用了 4 个词来形容开幕式："空灵、浪漫、现代、科技"。以科技为例，开幕式上设计了世界最大的 8K 超高清地面显示系统，名为"冰瀑"，它是一个近 60 米高、20 米宽的 LED 屏。而惊艳世界观众的冰立方则是一个高 10 米、净深 8 米、宽 22 米的 LED 机械装置。冰立方里面的碎冰和冰球都是技术人员用数字影像的手段来展现的。这种世界领先的技术是我们国家综合实力的一个侧面体现，也是我们作为影视从业者要不断去学习、追寻的道路。我们要继续坚定"四个自信"，在党的领导下，必会实现中华民族的伟大复兴。

（3）时间冻结效果与抽帧风格的特效制作需要我们细心、耐心，在探究合理运用特效的过程中，也要注意交流的方式方法，养成良好的合作沟通的职业素养。

（七）片名设计

（1）我们都知道文字是人类文明的重要标志，它的产生和演变见证并记录了世界文明发展的历程。纵览全球，唯有汉字历经沧桑，带着世界上任何一种文明都无可比拟的底蕴穿越上下五千年，直抵现代的世界。我们现在说的每一句话，写的每一个字都是在书写历史，一定要把中华文明继续书写、继续发扬光大，共同努力，早日实现中华民族的伟大复兴。

（2）千万个方块字，穿过五千年岁月，在中华民族的文化血脉中奔腾不息。这一个个方块字，记录了太平盛世，也描绘了战火硝烟。汉字承载着中华文明的独特智慧，傲视环宇各种文化。全世界只有也唯有中国书写的是"方块字"，任何国家的人只要看到方块字脑中都会闪现出"中国"，汉字是我们中华文明的根基，也是每位中国人自信的源泉。要坚定文化自信，书写与一切西方语言文字迥然不同的"文字魔方"。

（3）在下载音效时，要注意版权问题，可以付费下载商用音效，也可以下载注明版权但是免费的音效，在使用过程中，要养成法律意识，尊重作者的劳动成果，避免侵权。

（4）在选择音效、设计音效的时候，要与小组同学多讨论，确定最佳方案，养成合作沟通的职业素养。

学习准备

一、问题思考

1. 剪辑微电影时该如何刻画人物？
2. 如何在美术线索中找到叙事主线？
3. 剪辑微电影的常用技巧有哪些？

二、学习材料

1. 准备好计算机并安装好 Pr 软件。
2. 纸、笔。
3. 资源下载：音频"Yumejis Theme"、电影《花样年华》。
4. 案例资源清单。

（1）《一触即发》（凯迪拉克的广告）。

（2）《筋疲力尽》（电影片段）。

（3）《港囧》（电影片段）。

（4）《乔乔的奇异幻想》（电影片段）。

（5）《雷雨》（电影片段）。

（6）《罗拉快跑》（电影片段）。

（7）《天使爱美丽》（电影片段）。

（8）《我要进前十》（电影片段）。

（9）《让子弹飞》（电影片段）。

三、学习分组

每组不超过 3 人，请填写分组名单（表 2-1）。

表 2-1　分组名单

班级		组号		授课教师	
组长		学号			
组员	姓名	学号		姓名	学号

项目实施

任务一　微电影主题挖掘

一、任务描述

分析电影《花样年华》中的人物塑造，确定微电影剪辑主题。完成主题设计单，见表 2-2。

表 2-2 主题设计单

剪辑题目	《花样年华》微电影		
主题设计依据	电影创作背景	电影主题	电影表现形式
主题设计思路	人物性格感受 （人物的性格特征）	人物情绪感受 （人物的情绪发生了几次变化，是如何变化的）	人物矛盾感受 （人物内心的矛盾点在哪里）
确定主题			

二、工作准备

1. 观看电影《花样年华》两遍以上。
2. 你喜欢电影中的哪一位人物？为什么？

三、工作实施

（一）分析人物

问题引导 1：微电影具备电影的所有要素，包括_____、_____、_____、_____、_____。

问题引导 2：微电影中人物塑造的手法包括_____、_____、_____、_____、_____等。

问题引导 3：你认为分析人物性格可以从哪些方面入手？

_____

_____

_____

问题引导 4：观看电影《花样年华》，从故事中你了解到男女主角分别是什么性格？

_____

_____

_____

问题引导 5：观察电影《花样年华》的细节，男、女主角内心的矛盾是什么？

_____

_____

_____

（二）挖掘主题

问题引导 1：影视作品具有_____作用。

问题引导 2：影视作品的反面题材往往具有鞭策、_____、_____的作用。

问题引导 3：对《花样年华》进行人物分析，阐述最打动你的地方是什么。

_____

_____

_____

问题引导 4：重新缩剪《花样年华》，你特别想表达什么？

_____

_____

_____

四、成果展示

小组代表进行汇报。分析自己的亮点与不足。

_____

_____

_____

_____

任务二　微电影结构设计

一、任务描述

梳理电影《花样年华》的叙事线索，整理剪辑思路，设计微电影《花样年华》的剪辑结构。完成剪辑结构设计单，见表 2-3。

表 2-3　剪辑结构设计

微电影《花样年华》剪辑结构设计单		
电影《花样年华》的叙事线索	人物线索：	
	感情线索：	
	物件线索：	
	美术线索：	
确定微电影的叙事线索		
微电影划分为 ___ 个部分	时长	画面内容
第一部分起止、内容		
第二部分起止、内容		
第三部分起止、内容		
……		

二、工作准备

1. 电影《花样年华》中的名场面有什么特别的地方？
2. 该名场面是如何帮助电影塑造人物的？

三、工作实施

（一）故事线索梳理

问题引导 1：电影的叙事线索包括人物线索、_____、_____和美术线索。

问题引导 2：美术线索是指刻画人物和叙述故事的_____在如何变化。

问题引导 3：电影《花样年华》用到了哪些美术元素？它们分别有什么作用？

_____

_____

_____

问题引导 4：电影《花样年华》中的重要物件分别出现在哪里？有什么作用？

_____

_____

_____

问题引导 5：分析电影《花样年华》中的四条叙事线索的内容。

_____

_____

_____

_____

（二）剪辑结构设计

问题引导 6：微电影的剪辑核心是_____和_____。

问题引导 7：微电影的剪辑特点是什么？

_____

_____

_____

问题引导 8：在电影《花样年华》的叙事线索中确定一个线索作为你的剪辑主线，分析它的发展脉络。

_____

_____

_____

问题引导 9：围绕你已确定的剪辑主题，找到叙事脉络的关键节点，设计缩剪片段的结构。

_____

_____

_____

四、成果展示

小组代表进行汇报。分析自己的亮点与不足。

_____

_____

_____

_____

任务三 微电影素材挑选

一、任务描述

围绕微电影《花样年华》的剪辑主题和叙事线索，通过角色扮演理解人物，挑选素材。完成素材选择单，见表2-4。

表2-4 素材选择单

剪辑题目	微电影《花样年华》		
剪辑主题			
分析人物联想到的画面			
思维导图			
素材挑选思路	你的观点是什么？	用什么线索来表达？（哪些内容较为突出）	可以选取什么时代元素来丰富人物刻画？
可转化或提炼的画面			

二、工作准备

1. 思考画面与主题背景的关系是什么。
2. 思考画面与人物性格的关系是什么。

三、工作实施

（一）通过角色扮演联想画面

问题引导 1：时代元素就是最能够代表这一时代的_____。

问题引导 2：不同时代的时代特征不同，像 20 世纪 80 年代的_____、20 世纪 90 年代的_____。

问题引导 3：通过角色扮演理解电影《花样年华》的人物，阐述那个时代的特征是什么。

_____

_____

_____

问题引导 4：听音乐《夜上海》，体会时代元素，阐述你会联想到了什么画面。

_____

_____

_____

问题引导 5：结合你已确定的剪辑主题，阐述从剪辑线索中找到的匹配人物性格的画面有哪些。

_____

_____

_____

_____

（二）绘制思维导图提炼归纳

问题引导 1：电影美术能够揭示电影主角的_____和_____。

问题引导 2：你怎么理解剪辑素材与时代特征的关系？

_____

_____

_____

问题引导 3：结合电影《花样年华》的时代特征，尝试选择与你的剪辑主题相符的素材。

_____

_____

_____

问题引导 4：根据你确定的叙事线索，沉浸式感受配乐"Yumejis Theme"，绘制素材思维导图。

_____

_____

_____

四、成果展示

小组代表进行汇报。分析自己的亮点与不足。

_____

_____

_____

任务四　匹配主题编辑素材

一、任务描述

紧扣《花样年华》的缩剪主题，根据所选素材，按照剪辑结构设计进行初剪。

二、工作准备

1. 准备好并熟悉你所需要的素材。
2. 反复听配乐"Yumejis Theme"，加深对你要表达主题的理解。

三、工作实施

（一）按结构垒素材

问题引导 1：举例说明如何让时代特征与叙事情感匹配。

_____

_____

问题引导 2：根据剪辑结构的内容划分，将素材与之对应，进行分类标签。可将你在标签中的经验或新发现记录下来。

_____

_____

问题引导 3：以素材与段落表达内容匹配为原则，完成整体剪辑。可将你在剪辑中的经验或新发现记录下来。

_____

_____

_____

（二）用跳切塑造人物

问题引导 1：跳切改变了原有的流畅剪辑原则，在原本连贯的动作中剔除了_____，进而不连贯地_____到一起。

问题引导 2：跳切主要用于_____、_____、_____。

问题引导 3：同一场景中拍摄方位、角度、景别的改变，属于_____剪辑，不是跳切。

问题引导 4：拍摄方位、角度、景别没有变，但场景改变，属于流畅剪辑中的_____剪辑创意，不是跳切。

问题引导 5：合理越轴的方法有哪些？

_____

_____

_____

问题引导 6：通过对电影《花样年华》中人物的理解，阐述最让你印象深刻的是哪个情景。

_____

_____

_____

问题引导 7：在你所剪辑的《花样年华》片段中，刻画人物的哪个场面可以用到跳切？

_____

_____

_____

四、成果展示

小组代表进行汇报。围绕内容与结构，检查剪辑是否突出人物性格，找出自己的亮点与不足。

_____

_____

_____

任务五　剪辑节奏调整

一、任务描述

找准微电影《花样年华》的人物情绪变化点、高潮点，完成剪辑节奏的调整。

二、工作准备

1. 把初剪视频分享给朋友，看看他们的感受与你预期的是否一致。
2. 从整体和局部两个方面看自己的剪辑效果，看看画面与情感的匹配方面是否还有改进空间。

三、工作实施

（一）内部节奏调整

问题引导 1：内部节奏是指剧情发展的_____冲突和人物内心_____所形成的节奏。

问题引导 2：内部节奏的表现主要取决于故事的_____和人物内心的_____。一般借助演员的_____、_____、_____等将情绪表露出来。

问题引导 3：你的剪辑工作中哪些地方需要调整内部节奏？完成剪辑节奏调整。可将你在剪辑中的经验或新发现记录下来。

_____

_____

_____

（二）外部节奏调整

问题引导 1：外部节奏是指镜头组接之后所产生的_____。

问题引导 2：外部节奏是一种可以直接_____、听到的节奏形态，如摄像机的_____、剪辑的频率、音乐的_____快慢等。

问题引导 3：找到你的剪辑任务的情绪转折点，调整外部节奏，完成剪辑节奏调整。可将你在剪辑中的经验或新发现记录下来。

_____

_____

_____

四、成果展示

小组代表进行汇报。紧扣主题与情感表达，检查节奏，找出自己的亮点与不足。

_____

_____

_____

任务六　心理、杂耍蒙太奇的应用

一、任务描述

围绕微电影《花样年华》的主题，根据其情感抒发点，恰当地运用蒙太奇手法。

二、工作准备

1. 如果用一种植物来描述感情，你会选择哪一种？为什么？
2. 查找资料，了解库里肖夫和普多夫金的理论贡献。

三、工作实施

（一）蒙太奇应用

问题引导 1：心理蒙太奇是人物心理的_____表现，是电影中_____描写的重要手段。通常表现为_____、_____、_____。

问题引导 2：杂耍蒙太奇是基于抒情蒙太奇的一种更为强烈的_____或_____表达，看似毫不相干的两个镜头组接起来会产生强烈的_____。

问题引导 3：你的剪辑工作中哪些地方可以使用哪一种蒙太奇手法？

_____

_____

问题引导 4：找到你的剪辑作品中情感表达或主观意识强烈的地方，用别有意味的不相干的镜头组接替换原有画面，调节节奏，完成剪辑。可将你在剪辑中的经验或新发现记录下来。

_____

_____

（二）抽帧风格设计

问题引导 1：抽帧本是节省空间的存储方式，但在王家卫的风格中对突出人物_____感受具有明显的效果。

问题引导 2：观看电影《重庆森林》的抽帧艺术风格表现，说说它的意义。

_____

_____

_____

问题引导 3：你的剪辑工作中有没有可以使用抽帧的地方？进行剪辑实践试试效果。可将你在剪辑中的经验或新发现记录下来。

_____

_____

_____

四、成果展示

小组代表进行汇报。紧扣主题与情感表达，检查情感是否渲染恰当，找出自己的亮点与不足。

_____

_____

_____

任务七　片名设计、音效处理

一、任务描述

根据《花样年华》的缩剪主题，设计合适的片名，进行排版制作，并添加音效，完成剪辑。

二、工作准备

1. 选择两首唐诗／宋词，说说它们的意境。
2. 找两个有意思的店名，分析它们的巧妙之处。

三、工作实施

（一）片名设计

问题引导1：汉字是中国文化的_____，它具有丰富的_____。

问题引导2：片名设计要_____、_____、_____。

问题引导3：结合剪辑主题，设计你的片名并简要阐述其用意。

_____

_____

_____

（二）音效处理

问题引导1：音效能够起到渲染_____和增强_____的作用，包括_____、_____、_____等。

问题引导2：在你的剪辑任务中，有没有合适的地方需要添加音效？需要添加什么音效？为什么？

_____

_____

_____

四、成果展示

小组代表进行汇报。紧扣主题与情感表达，检查片名设计与音效处理是否恰当，找出自己的亮点与不足。

_____

_____

_____

拓展迁移

一、拓展知识

1. 历史人物

（1）让－吕克·戈达尔，1930 年 12 月 3 日出生，法国导演、编剧、制作人。戈达尔《筋疲力尽》中充满革命性的、著名的"十二刀"让人叹为观止，其大篇幅运用跳切并且毫不显得突兀、生硬，它并不用于表现人物的特殊心理状态，也不是为了表现传统性故事，它带来了节奏感和令人着迷的省略方式，它让电影看起来很美、很干脆。戈达尔着重强调跳切在电影中的美学。

（2）希区柯克，悬疑大师、电影艺术大师，被英国电影杂志 *Total Film* 选为"史上百位伟大导演第一位"，被外界誉为"作者导演"的先驱。作为悬念片大师，他一生都致力于悬念电影的创作，他把惊悚、悬疑等元素融入纯粹的恐怖，再通过剪辑、音画配合等手段把恐怖片提升到了艺术电影的高度，他在电影中经常运用的元素包括金发女郎、悬念、窥视、罪孽转移、婚姻危机、黑色幽默、线索道具、楼梯、阴影等。他突破好莱坞制片制度的束缚，创造并完善了制造悬念的艺术。作为一位擅长洞悉观众心理的导演，他娴熟地运用镜头语言将悬疑剧情、心理科学及对现实社会的个人思考融入电影，被誉为"电影界的弗洛伊德"。

2. 影视二创的概念

影视二创是指影视作品在进入公众视野后，对其内容进行二次创作，包括但不限于改编、重组、缩减等，主要目的是对影视作品进行延伸与再创作。在主题上，影视二创有的以强化原作的主题思想为主，例如，以四大名著文学载体为基础进行改编的电视剧；有的放弃原主题，从原作品的某个特殊视角或侧面的话题切入，进行开拓和引申等，例如我们进行剪辑的《花样年华》微电影。但无论从哪个角度进行二创，最终都应有一种超越的自信，才能充分展示二创的艺术思想与意义。

3. 影视二创的分类及特点

二次创作主要包括仿作、改编、引用并加以发挥等创作模式。在分类上主要包括以动漫、话剧、舞台剧、电影、电视、节目、小说等为载体的二次创作。特别需要注意的是，二次创作并非抄袭现存作品，也不是剽窃别人的创意，而是明显地，甚至刻意地，以某一或某些作品为焦点，将它（它们）重新演绎出别的意义，瓦解甚至颠覆原来的脉络、系统，重新创作出全新的理念与思想。如我们在进行《花样年华》微电影剪辑的时候，有的同学结合《2046》，重新构架了一段苏丽珍前去新加坡寻找周慕云，却意外发现周慕云以他们之间的这段感情为原型创作了小说，这就体现出影视二创的重要特点。

4. 版权意识

短视频行业的兴起带动了大量的影视二创作品的出现，但在这个过程中出现了诸多不注重原作者版权、肆意敛财的情况。在此背景下，2021 年 4 月 9 日，包括中国电视艺术交流协会、中国电视剧制作产业协会及爱奇艺、优酷、腾讯视频等在内的 73 家影视公司、行业协会、视频网站发布《联合声明》，共同呼吁广大短视频平台和公众账号生产运营者尊重原创、保护版权，未经授权不得对相关影视作品实施剪辑、切条、搬运、传播等侵权行为，并声明将对上述侵权行为发起集中、必要的法律维权行动。同年 4 月 23 日，包括中国电视艺术交流协会、中国电视剧制作产业协会及爱奇艺、优酷、腾讯视频等在内的 76 家影视公司、行业协会、视频网站又联合 500 余位影视艺人发布《倡议书》，倡导短视频平台积极参与版权内容合规治理，并通过技术手段清理和防止未经授权的切条、搬运、速看和合辑等影视作品内容；倡导公众账号生产运营者提升版权意识，在内容制作中严格遵循"先授权后使用"原则；倡导权利人针对侵权严重的公众账号生产运营者合法合规积极维权，共同营造健康、文明的版权网络环境。《联合声明》与《倡议书》呼吁的内容是符合我国《著作权法》宗旨的，也符合权利人、使用人及社会公众的根本利益，为影视作品版权人和二创内容创作者提供了共识及合作的基础。因此，进行影视二创时，应该得到原作品的使用权或改编权后，才能在各大媒体平台上发表二创作品，而且还必须将原作者的署名信息完整准确地保留在二创作品中，且不要利用二创作品进行商业行为，这样的二创作品很有可能构成侵权，这尤其值得注意。

5. 影视二创的剪辑要求

（1）全新的视角或观点。在进行影视二创的过程中，一定要先选定切入的视角和观点，与原作品有一定区别，并具有新意。

（2）叙事与表意完整。尽管缩剪也是影视二创的一种形式，但是故事要完整，表意要明确，才能满足受众的观影需求，这才是完整的作品。

（3）包装具有艺术性。无论是标题、字幕还是结尾，要有符合作品风格的包装艺术，展示创作者的审美水平，切不可缺乏美感，与低俗趣味混为一谈，那便不能称为二创作品。

二、素养养成

（1）在新媒体时代，影视二创的价值导向变得更加重要了。在受众群体上，年轻人占据了大部分，我们作为影视从业者一定要把正确的世界观、人生观、价值观传递出去，让观众得到一些具有正能量的精神食粮，让他们变得更加坚韧。在此基础上，我们可以利用二创作品，弘扬中华民族的优秀传统文化，坚定文化自信，以中华文化为荣。

（2）短视频行业的发展可谓蒸蒸日上，但各大短视频平台却频繁出现影视二创内容涉嫌侵权的行为。我们一定要增强法律意识，具备版权意识。

（3）我们在微电影剪辑的选题上，应该多考虑能够引起让绝大部分受众共情的主题，进而外化出影响观众行为的力量。如案例《啥是佩奇》能够火爆全网的根本原因还是它引起了亲情的牵挂与触动，我们在工作中应该多去思考共情的力量，而积极宣传与弘扬这种正能量，正是我们作为影视从业者应该具备的社会责任感。

（4）在评价环节中，要注意提升艺术鉴赏能力，也就是审美能力。对同学们剪辑作品的价值、形式、内容等方面进行分析，并做出中肯的评价。在这个过程中，同学们也应取长补短，善于学习新的艺术形式或表现技巧，并养成良好的合作沟通的职业素养。

三、模型演练

综合运用所学知识技能，填写自命题微电影剪辑设计单，见表2-5。

表2-5 自命题微电影剪辑设计单

电影二创或微电影原创：	音乐选择：
剪辑主题：	
叙事线索：	
剪辑结构：	
分析人物，理解内涵联想的画面：	
挑选素材的思维导图绘制：	
如何运用跳切技巧或技术？	人物情绪如何变化？外部节奏如何调度？
蒙太奇如何运用？请具体说明	有无时间冻结效果或抽帧扫尾技术？请具体说明
片名设计？请说明设计理念	有无音效等设计？请具体说明
其他说明：	

评价总结

一、自我评价（表 2-6）

表 2-6 个人自评表

评价维度	评价内容	分数	分数评定
知识获得	了解微电影的概念、发展	0.5 分	
	了解电影叙事线索的概念	1 分	
	了解时代元素的概念与特点	1 分	
	了解时代特征的概念	0.5 分	
	了解跳切的产生和概念	1 分	
	辨识跳切与流畅剪辑	1 分	
	了解轴线原则的概念	0.5 分	
	辨识内外部剪辑节奏	1 分	
	了解中华文字内涵之美	0.5 分	
	了解音效的分类及作用	0.5 分	
	了解影视剧二创的概念、分类及特点	0.5 分	
	掌握电影人物塑造的方法	1 分	
	掌握美术在刻画人物中的关键作用	1 分	
	掌握电影人物塑造的艺术手法	1 分	
	掌握微电影的剪辑核心和特点	1 分	
	掌握电影美术与人物刻画的关系	1 分	
	掌握跳切的特点和作用	1 分	
	掌握合理越轴的方法	1 分	
	掌握跳切的技巧	1 分	
	掌握内部节奏、外部节奏的概念	0.5 分	
	掌握内部节奏、外部节奏剪辑技巧	1 分	
	掌握心理蒙太奇、杂耍蒙太奇的概念及特点	1 分	
	掌握片名设计原则与技巧	0.5 分	
	掌握音效处理方法	0.5 分	
	掌握影视剧二创的要求	0.5 分	

续表

评价维度	评价内容	分数	分数评定
能力培养	具备正确分析人物形象的能力	5分	
	具备较强的微电影剪辑主题挖掘和设计能力	5分	
	具备较强的微电影剪辑结构设计能力	5分	
	具备在微电影剪辑中正确挑选素材的能力	5分	
	能熟练地对微电影进行跳切剪辑	5分	
	具备较强的微电影中人物情绪剪辑节奏处理能力	5分	
	具备较强的微电影情感表达剪辑处理能力	5分	
	能熟练操作时间冻结、抽帧扫尾等技术	5分	
	能准确地给微电影设计片名	5分	
	具备较好的音效处理能力	5分	
素养养成	能有效利用网络、图书资源查找有用的相关信息等；能将查到的信息有效地传递到学习中	2分	
	能处理好合作学习和独立思考的关系，做到有效学习；能提出有意义的问题或能发表个人见解	3分	
	能发现问题、提出问题、分析问题、解决问题、创新问题	3分	
	审美能力得到提升	3分	
	具备文化自信，具备爱国主义精神，能弘扬中华优秀传统文化，能批判地吸收西方文化，发展民族文化意识	5分	
	具备吃苦耐劳、勇于奉献的革命精神	2分	
	具备规范操作的良好习惯，具备细心、静心、耐心的素质，具备版权意识，具有精益求精的工匠精神	4分	
	能弘扬社会主义核心价值观，能培养影视从业者的社会责任感	5分	
	具备合作沟通能力，具备举一反三、合作沟通的素质素养	3分	
自评分数			

二、学生互评（表 2-7）

表 2-7　组内互评表

评价指标	评价内容	分数	分数评定 1	分数评定 2
过程表现	能按时完成课前、课中、课后任务	50 分（错一处扣 2 分）		
	能积极参与讨论			
	有个人见解，善于倾听他人意见			
	能与他人合作			
	知识理解正确，并能记住			
	方法使用恰当			
	技术操作正确、规范			
作业质量	剪辑主题设计符合社会主义核心价值观	5 分		
	剪辑结构设计合理	5 分		
	素材选择具有共情力	10 分		
	跳切使用恰当	5 分		
	内外部节奏把握较好	10 分		
	蒙太奇应用恰当	5 分		
	片名设计正确并有新意	5 分		
	音效使用恰当	5 分		
互评分数		（两个分数之和的平均数）		
评分人签字				

三、教师评价（表 2-8）

表 2-8　教师评价表

评价指标	评价内容	分数	分数评定
过程表现	能按时完成课前、课中、课后任务	50 分（错一处扣 2 分）	
	能积极参与讨论		
	有个人见解，善于倾听他人意见		
	能与他人合作		
	知识理解正确，并能记住		
	方法使用恰当		
	技术操作正确、规范		
作业质量	剪辑主题设计符合社会主义核心价值观，有新意	5 分	
	剪辑结构设计合理，有创意	5 分	
	素材选择具有共情力	10 分	
	跳切使用恰当	5 分	
	内外部节奏把握较好	10 分	
	蒙太奇应用恰当	5 分	
	片名设计正确并有新意	5 分	
	音效使用恰当	5 分	
评价分数			
评价人			

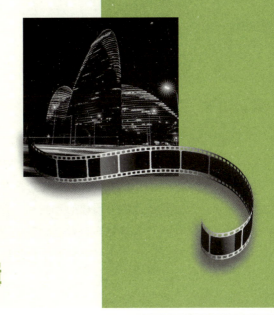

项目三
结构调度——纪录片剪辑

项目简介

　　随着影视文化的大力发展，从纵观历史长河到聚焦普通人物，我国优质纪录片层出不穷，像厚植家国情怀的纪录片《我在故宫修文物》《河西走廊》《航拍中国》，深耕传统文化的纪录片《本草中国》《西泠印社》《布艺中国》《中国年俗》，关注百姓生活的纪录片《柴米油盐之上》《生活万岁》《生门》等。纪录片因为其真实与思辨，深受大家喜爱。在本项目中，我们将从观察事物入手，训练大家通过观察事物的特征、本质或引发的一系列问题开展走访、调查、研究，形成某种观点，运用剪辑技术调度结构，讲好故事。本项目实践过程中将训练纪录片的剪辑思维，掌握时空剪辑技巧，强化观察思考能力在剪辑中的运用，并能举一反三，剪辑不同类型的纪录片。

项目描述

　　选择所提供的新闻事件、微型盆景、名画中的一个为观察对象，探究真相或挖掘价值，确定主题，完成 2~3 分钟微纪录片的剪辑。

学习目标

一、知识目标

1. 了解纪录片的概念、特点；了解新闻美学度；了解纪录片素材的分类；了解纪录片解说词的特点及作用；了解微纪录片的概念与特点；了解微纪录片的市场发展趋势；了解微纪录片现存问题和未来。

2. 掌握事物探究的方法；掌握选题价值的思考维度；掌握纪录片素材挑选原则；掌握叙事蒙太奇的概念、特点；掌握纪录片的剪辑核心和特点；掌握纪录片的叙事结构；掌握三段式剪辑方法；掌握纪录片解说词的写作技巧；掌握声音剪辑技巧；掌握时空剪辑的概念；掌握时空剪辑的技巧；掌握同期声处理方法；掌握对比蒙太奇、思想蒙太奇的概念、特点；掌握影视剧二创的要求。

二、能力目标

1. 具备对事物较强的观察能力。

2. 具备较强的微纪录片选题的挖掘和设计能力；具备正确收集微纪录片素材的能力；具备较强的微纪录片剪辑结构的设计能力；具备恰当编写和正确录制微纪录片解说词的能力；具备较强的微纪录片时空剪辑能力；具备较强的微纪录片情感表达剪辑处理能力；能熟练地操作 DV 倒带回放和摄像机录制的效果制作技术。

3. 具备对微纪录片剪辑进行正确评价和鉴赏的能力；具备恰当运用所学知识剪辑其他微纪录片的能力。

三、素养目标

1. 提升审美能力；培养文化自信；培养爱国主义精神；弘扬中国人文景观之美；弘扬中华优秀传统文化；坚定制度自信；坚定理想信念。

2. 培养辩证思维；培养专业敏锐度；培养吃苦耐劳，细心、静心、耐心的素质；培养精益求精的工匠精神。

3. 弘扬社会主义核心价值观；培养影视从业者的社会责任感。

4. 培养举一反三、合作沟通的能力。

知识准备

一、知识概念

（一）主题确定

1. 纪录片的概念

纪录片是以真实生活为创作素材，以真人真事为表现对象，对其进行艺术的加工，以展现真实为本质，并用真实引发人们思考的电影或电视艺术形式。其实，电影诞生之初的作品都是纪录片。

1895 年，法国卢米埃尔兄弟拍摄的《工厂的大门》《火车进站》等一系列作品，都属于纪录片的性质。我国最早的纪录片影像可以追溯到 1902 年由外国摄影师拍摄的短片，其内容包括清朝末年的社会风貌、历史人物李鸿章等。纪录片又可分为电影纪录片和电视纪录片。

2．纪录片的特点

纪录片具有真实、纪实、人文、审美的特征，而真实是纪录片最本质、最核心的特征。

（1）真实性。真实是纪录片的生命。纪录片的创作源于真实的生活、真实的事件。缺乏真实就不能称其为纪录片。

（2）纪实性。影视作品是一种艺术形式，也是艺术创作。那么纪录片如何真实地记录并真实地表达，让观众体会到真实感？这是需要艺术加工的。因此，纪实既是纪录片创作的基本手法，也是纪录片非常重要的本质属性。

（3）人文性。纪录片与新闻都是基于真实事实展开叙述，但是纪录片不同于新闻之处，便在于它的思想内涵。纪录片从平凡的素材中汲取养分，在平淡的叙述中储备力量，蕴含着深刻的人性思考、生命感悟与社会责任。无论是创作者的观点，还是观众自我思考，这种人文内涵与品质都是纪录片的魅力所在。

（4）审美性。纪录片是艺术作品，同样具备艺术的审美性，主要体现在视听语言的美学上。如纪录片《舌尖上的中国》的拍摄就非常讲究，运用特写镜头将唯美的感觉表现得淋漓尽致。

3．纪录片的分类

纪录片按题材内容可分为以下六大类。

（1）时事报道片：以纪录片的形式报道当前发生的新闻事件，它的性质与新闻片相同，如纪录片《海豚湾》。

（2）历史纪录片：指将历史上真实发生过的事件再现的记录影像。这类纪录片可以运用历史影片数据、历史照片、文物、遗迹或美术作品进行拍摄，也可以借助一定的技术手段还原历史，如《辛亥风云》。

（3）传记纪录片：指纪录特定人物生平或某一时期经历或某一方面事迹的纪录片，如《周恩来外交风云》。

（4）人文地理片：指探索某个地区的自然环境或文化习俗或风土人情的纪录片，如《美丽中国》。

（5）舞台纪录片：指纪录舞台演出或活动的实况的影像。对在舞台上演出的节目，如歌舞、戏剧、曲艺等进行现场拍摄，可以根据需要对演出节目进行剪裁、删减，但对演出内容不能改编、增添，以区别于根据舞台节目改编的舞台艺术片，如《民间歌舞》。

（6）专题系列纪录片：指在统一的主题下分别出片或连续出片的纪录片。其中各部影片都可以连续放映，也可以各自独立，如《鸟的迁徙》《大国崛起》。

4．纪录片选题要素

纪录片选题应基本包含以下四点要素。

（1）事件是正在发生着的，具有真实性和时代特点。

（2）事件具有典型性，人物的个性特点鲜明，事件的发生发展有一定的脉络和延续性。如以抗击疫情为背景，可以挖掘出很多典型人物创作纪录片。

（3）环境的因素、人物的命运、时间的推移是构成纪录片的要素。

（4）纪录片要有故事性、探究性。如广西偷电瓶车的"周某"出狱后坐拥百万级粉丝、开网红店等，对此可以深入探究背后成因。

（二）素材收集

1. 纪录片素材的分类

纪录片的素材类型主要包括实时拍摄素材、采集素材、采访素材、搬演素材及添加素材五类。实时拍摄素材、采集素材和采访素材主要来自客观世界原本存在的场景、人物；而搬演素材及添加素材则更多地是依据真实资料加以主观创作而成的，搬演就是以介于现场实拍和虚构之间的方法来还原一些可能存在的史实，如纪录片《河西走廊》就大量使用了搬演素材。在纪录片的素材中，最核心的就是实时拍摄素材，这也是纪录片与其他类型影片素材选择的主要差别。纪录片在剪辑过程中通常会最大限度地使用实时拍摄素材、采访素材，以达到真实的目的。

2. 纪录片的素材选择原则

在纪录片素材选择过程中要坚持真实性原则及空间拓展原则。真实性原则主要是指我们在进行后期剪辑时，对所挑选的素材都需要确认来源、辨别真伪，保证纪录片素材一定是真实的、权威的、准确的。因此，往往在纪录片拍摄的过程中，需要深入调研考证，剪辑师面对大量的素材，也需要持有怀疑的态度，将不确定、不真实的素材和内容，毫不含糊地剔除。空间拓展原则是指我们在进行后期剪辑时，可以合理地、科学地对采访对象的内心世界进行延伸，可以是人物性格、特征、心灵、人格等方面的拓展，但一定要将这种艺术发挥限定在真实事件之中。例如，采访对象因为心情原因默默地坐在角落吸烟，不愿说话，这个时候解说词就可以用"大概"等推测字眼进行陈述，把这种主观能动性留给观众，用这种拓展原则实现纪录片内容的充实及对人物的塑造。

（三）结构设计

1. 纪录片剪辑的核心和特点

纪录片类型不同，其剪辑特点也各有不同。总地来讲，纪录片剪辑的核心是抓住矛盾冲突或围绕事件中最突出的困难来展开。剪辑特点主要有以下五个方面。

（1）自然性。剪辑结构顺理成章，过渡流畅，衔接自然。纪录片主要依靠蒙太奇叙事，结构上变化较多，可能不受时间、空间的限制，但是无论怎么设计结构，最终的目的都是要让观众观感自然，不刻意。

（2）完整性。在纪录片拍摄过程中可能改变拍摄之初的设计，会拍摄大量的其他素材，我们在后期剪辑时，经常要把一些不完整的片段，甚至零碎的素材组接在一起。这就更需要我们有一个清晰、完整的结构设计，对全片有一个总体的把握。

（3）新颖性。新颖性就是要使纪录片的结构既要符合叙事内容的特性，又要有创作者自己的风格。不能把不同的题材套用一种剪辑结构，那不仅会显得单调，还会在表达上突显同质性。在剪辑时，从形式到内容都应有我们自己的特点，这样才能准确表现出事物的本质及自身独特的理解。

（4）严谨性。真实是纪录片的本质，这就要求我们在进行剪辑时，逻辑要清晰、层次要分明。但要注意，不要僵化、刻意地呈现内容，因为纪录片中有许多对生活、对人物的刻画，固化的套用反而会丢失真实感。

（5）统一性。这里的统一，一方面是指纪录片整体结构要浑然一体，不要有割裂感；另一方面是指形式要与叙事节奏统一，不要有跳跃感。

2. 纪录片叙事结构

在纪录片剪辑创作中，我们不仅要对素材进行选择和组合，还要表达自己对生活的认知和感受，即在这个过程中，我们通过叙事结构对纪录片的内容进行有意义的表达与解释。简单地说，剪辑好，好的内容会更加精彩，一般的内容也能发挥得较为出色。相反，剪辑不好，就有可能浪费原本非常好的素材，失去应有的效果。因此，叙事结构对于纪录片的意义，在某种程度上比素材更重要。

在纪录片中，最常用的有以下三种叙事结构。

（1）顺序式结构。依照事件进程的线性时间自然地组织情节，形成叙事结构，即随着时间的推移把这个过程中原本的事态发展逐渐地呈现给观众，因为时间本身就潜藏着顺序与逻辑关系，是一个非常自然的结构，容易被观众所接受。如纪录片《河西走廊》，以编年体史诗的形式，跨越汉、三国、两晋、隋唐、元、明清、民国和新中国，系统梳理了河西走廊甚至整个中国西部的历史，呈现出其跨越千年的雄壮、辉煌与苍凉。它从历史的时间脉络来展开叙述，是典型的顺序式结构。

（2）交叉式结构。将两条或两条以上有着内在联系的故事线进行交叉剪辑，并以此组织情节，推动故事发展。这种结构方式可能打破时间与空间的完整性，但能够在对比或对立中形成情绪的上升，从而深化主题。如纪录片《1950 他们正年轻》，通过不同军种、不同时期参战的老兵的回忆，讲述了参加抗美援朝战争的普通年轻人的故事。不同的叙事线围绕同一事件有着密不可分的交集。

（3）板块式结构。板块式结构也有两条或两条以上的叙事线，但是这些叙事线是相对独立的，不是交叉的，每一个板块是一条叙事线，各自有各自的发展线索。如纪录片《了不起的村落》，以"同饮一江水"为主题，从长江源头启程，沿长江探访十个不同的村落。不同的村落各自有独立的叙事线，形成板块。

3. 叙事蒙太奇

叙事蒙太奇由美国电影大师格里菲斯等人首创，是影视片中最常用的一种叙事方法，它的特征是以交代情节、展示事件为主旨，按照情节发展的时间流程、因果关系来分切组合镜头、场面和段落，从而引导观众理解剧情。这种蒙太奇组接脉络清楚，逻辑连贯，明白易懂。简单地说它就是一种叙事的手法，如依据因果关系、时间顺序来充分发挥影像绘声绘色地讲故事的功能。

（1）平行蒙太奇。在同一时间不同地点或不同时间不同地点发生的两件或两件以上的事件，并列进展的剪辑手法。这些事件或线索之间往往有着关联和呼应，能够对故事的发展起到推动作用。格里菲斯、希区柯克都是极善于运用这种蒙太奇的大师。平行蒙太奇应用广泛，首先因为用它处理剧情，可以删减过程以利于概括集中，节省篇幅，扩大影片的信息量，并加强影片的节奏；其次，这种手法是几条线索平列表现，相互烘托，形成对比，易于产生强烈的艺术感染效果。

（2）交叉蒙太奇。同一时间不同地点发生的两条或两条以上的情节线交叉剪辑在一起，并在故事发展的某一点上汇集。这些情节线的交叉组接越迅速越频繁，往往越能够营造出紧张急促的气氛，制造悬念，加强矛盾。它是调动观众情绪的有力手法，惊险片、恐怖片和战争片常用此法制造追逐和惊险的场面。如在影片《撞车》中，不同人物的故事发展线索之间有着因果关联。

（3）重复蒙太奇。重复蒙太奇是指相同内容或表现形式的镜头反复出现，用以强调或突出主题，刻画人物性格，烘托故事氛围等。如《战舰波将金号》中的夹鼻眼镜和那面象征革命的红旗都曾在影片中重复出现，使影片结构更为完整。

（四）解说词录制

1. 纪录片解说词的特点

纪录片解说词是画面之外的表达，用来解释、说明、议论，既是背景的陈述、观点的表达，也是真相的揭露。由于真实是纪录片的本质，所以解说词必须具有真实性。解说词的内容涉及历史、文化、科技，需要有权威的数据和科学的佐证，切不可随意书写。同时，解说词要兼顾文学艺术，遣词造句、行文特点应具有一定的文学修养。

2. 纪录片解说词的作用

（1）推动叙事。解说词的叙事作用既体现在事件发生的历史背景、社会背景介绍中，也体现在事件中的人物关系、事件发展等方面的情节推动中。例如，纪录片《了不起的村落》中有相当一部分解说词起到了推动叙事的作用。

（2）补充画面。纪录片的题材广泛，经常会有时间、空间的大范围转移，这个时候画面就会显得力不从心，如人物传记类的纪录片，往往需要借助解说词进行补充说明，才能更好地让观众理解人物故事。

（3）创造明确的指示关系。如在纪录片《半个世纪的爱》中，画面是孔先生家中的小风铃，观众可能并不会留意，但是通过解说词我们知道风铃之所以挂在这里，是因为孔先生的老伴只要一走动风铃就会响，孔先生心里才会踏实。对于一个不起眼的风铃，如果没有解说词，孔先生对老伴的深沉爱意就无法表现出来了。

（4）抒发情感。纪录片的纪实特性决定了纪录片在很多时候不会像电影那样非常有目的性地通过画面进行情感抒发，解说词的抒情作用就体现在这里，而且文字比较直白，观众更容易感受到作者想表达的情感，从而产生丰富的联想。

（五）垒材初剪

1. 剪辑的时空

影视作品具有自己独特的时空语言。其中，剪辑的时间包括进行时间、延长时间和压缩时间。按照事件的时间发展顺序，进行时间又可分为延续、闪回和闪前；延长时间就是我们常见的体育赛事精彩瞬间的重复出现，将真实的时间加长，可分为再现和重现两种形式；压缩时间很容易理解，如2个多小时的电影可以展示一个人的一生，一个朝代、一个民族的兴衰。剪辑的空间包括相同空间、相邻空间和相异空间。相同空间就是指在一个场景里发生的事情；相邻空间是指上下镜头的场景在地理位置上是相邻的；相异空间是指上下镜头的场景不在一个空间中。

2. 时空剪辑结构

根据剪辑时空的特点可分为以下三种时空剪辑结构。

（1）串联式时空结构的剪辑：影片中有两个或两个以上故事的叙事时空，各个叙事时空相互完整和独立，它们在叙事过程中没有互相穿插地呈现，一个叙事时空结束后，接着另一个叙事时空，如《万有引力》。需要注意的是，各故事相对完整，线索单一清晰，时空的跳跃不宜太大，要注意总体创作意图统一。

（2）并联式时空结构的剪辑：不同的故事叙事时空相互有关联，如《如果·爱》。

（3）内含式时空结构的剪辑：一个时空引出另一个时空，与戏中戏、梦中梦相似。该结构在MV中经常采用。如在MV《霸王别姬》中，屠洪刚的演唱和历史故事的演绎即符合这种结构；在电影《我的父亲母亲》中，儿子奔丧引出父母爱情；还有电影《盗梦空间》《法国中尉的女人》等也采用了这种结构。

（六）蒙太奇应用

1. 对比蒙太奇

对比蒙太奇类似文学中的对比描写，如诸葛亮的《出师表》中有这么两句话："亲贤臣，远小人，此先汉所以兴隆也；亲小人，远贤臣，此后汉所以倾颓也"。这种对比的手法就如同影视创作中的对比蒙太奇。在影视作品里，常通过镜头内容的富与穷、强与弱、生与死、高尚与卑下、胜利与失败、或镜头形式的景别大小、色彩冷暖、声音强弱等的对比，产生相互强调、互相冲突的作用，这就是对比蒙太奇。它通过镜头之间在内容或形式上的强烈对比，表达创作者的观点、寓意或突出情绪和感情。如在电影《穿普拉达的女王》中，影片的开始就是一组对比镜头段落。女主角安迪与普拉达公司女模特进行对比，通过衣、食、住、行等细节镜头的切换，显示出在相同的时间不同人的不同生活，也凸显出女主角与模特之间的差距。最后她们同时出现在公司的门口，暗示着女主角的命运将与这个人产生联系。

2. 思想蒙太奇

思想蒙太奇是由维尔托夫创造的，用于表现一系列思想和被理智所激发的情感。它将新闻影片中的文献资料重加编排以表达一个思想，是一种抽象的形式。观众和荧幕直接造成一定的"间离效果"，这种参与完全是理性的。如罗姆导演的纪录片《普通法西斯》，运用了大量史料镜头，有的是苏联红军从德国电影资料库中缴获的资料，有的是从德军战犯手中没收的个人收藏。罗姆导演通过剪辑，深入探讨了法西斯主义的历史秘密，而且把历史场景和现代画面巧妙结合，引人入胜。

二、方法工具

（一）主题确定

纪录片经过不断发展，形成了主题广泛、类型多样的多元格局。纪录片承载着纪录生活、刻画历史、传播知识等诸多社会功能，这赋予了纪录片更重要的价值，主要体现在以下三个方面。

（1）社会价值。纪录片的主题呈现应该具有强烈的社会责任感和对社会现实的关注。有的纪录片讲述生活故事，有的纪录片揭示历史真相，有的纪录片呈现人性的多变，但无论从何种角度切入，只要纪录片主题挖掘得越深，其社会价值就越大，如纪录片《俺爹俺娘》《了不起的村落》。

（2）文化价值。纪录片的选题可以把视角聚焦在中华民族的优秀传统文化上。无论涉及的是历史的、民族的还是自然的，作为一种高品质的文化代表，都应体现出独特的解读和精心的打磨，创造出良好的文化品格，如纪录片《布衣中国》。

（3）艺术价值。纪录片既是在纪录，也是在讲述，视听语言的设计、记录的方式、表现的形式、节奏的把握、意境的营造等都体现在剪辑师对人物和事件的呈现中，而这也是提高纪录片艺术价值的重要因素。我们一定要明白，纪录片绝不仅是用镜头完成基本的记录，要善于用镜头完成创作，完成情感的表达和抒发，如纪录片《舌尖上的中国》。

（二）素材收集

1. 纪录片素材选择思路

纪录片的剪辑面对着庞大的素材库，我们一条一条地看完素材是必须的，但是在这个过程中应该掌握一些方法技巧，避免重复工作。首先，我们在观看素材时要立足于主题，考虑素材之间的因果关系、逻辑关系。然后，我们需要寻找不同类型素材之间的相互联系，进行多维空间的素材关系链接。最后，用串联线索的方式搭建素材的框架，避免素材间产生无序的错乱感。挑选完成后，可以将不同类型的素材按照结构进行初步的组接和编辑，在初剪过程中，为了提高工作效率，可以按照相对独立的段落进行剪辑，最后再调整各个段落的先后顺序。

2. 素材整理技巧

我们在观看素材时，需要对不同类型的素材进行归档整理。例如，应该为空镜头与访谈画面单独建立文件夹。纪录片一般都会涉及采访素材，这就要求我们要看过所有的访谈内容，然后把重要的对话都挑选出来，对素材编号、对访谈内容做好记录，接着开始撰写内容大纲，根据采访在时间轴上整理出逻辑顺序。

（三）结构设计

三段式结构是微纪录片剪辑常用的一种叙事结构，它由三个问题形成一个完整的逻辑，共同构成整个纪录片的顺序。第一，主人公的问题是什么？第二，找到原因了吗？能够解决吗？第三，结果是什么？以纪录片《生活万岁》为例，它是典型的板块式结构的纪录片，记录了十四组普通中国人一年里真实的生活状态，这十四组故事线并不相关，每个单独拎出来都具有这三段逻辑。例如，上海街头顶着烈日卖油墩子老年夫妇（他们的现状与遇到的问题），是为了替儿子还债（找到原因并尝试解决），在小破屋里畅想还完债以后老两口的未来规划（结局）。

（四）解说词录制

1. 纪录片解说词的写作技巧

纪录片解说词不是独立的文体，它需要与画面、声音相辅相成。我们在编写解说词时，既要重视其文学性，又要重视其口语化的特征。因为纪录片的解说词有不少是需要配音人员读出来的，具有很强的"适听"性特色，是为观众的"听"而写的，所以，我们在解说词的写作中，尽量不要运用谐音字、艰涩的词语和长难句。最好写短句，重视韵律美和节奏感，多用口语化词语。这样的解说词才能更好地配合画面、声音，让观众有更佳的观感。

2. 纪录片解说词的修辞手法

（1）比喻。其作用是变抽象为具象，变无形为有形；引导观众思路，引发观众联想；创造一种意境。其类型主要是明喻，即主体出现在画面中，喻体出现在解说词中。

（2）对比。其作用是由对某事物的感知或回忆，联想到具有相反特点的事物，突出和强调创作者所要表达的事实、观念、情感等。其类型主要有解说词之间的对比、解说词和画面的对比、解说词和其他声音语言的对比等。

（3）反复。其作用是放大或突出，强调某种事物、意境、现象等；给观众以不断的提醒，造成一种震撼的感觉；形成一种节奏感和延伸感。

（4）排比。其是用三个以上结构相似的并列语句，把相关的意思连续地说出来的一种修辞手法。

（5）拟人。其在自然科学类的电视片中多见，目的是使抽象的、枯燥的内容表达得更形象和生动有趣。

3. 解说词的收音要求

解说词的收音一般在专用的隔声录音室内完成，需要配备专用话筒及图像监视器等设备。解说词的作用呈现基本是通过语言的重音、停顿和语调来体现的。语调有高、低、轻、重、迟、急、顿、挫等，具有丰富的语言表现力。因此，我们在进行解说词的收音时，应特别注意语调的变化。另外，需要注意的是，读解说词时，多采用低语调，声音音质要宽厚、柔和。低语调收音主要采取近距离拾音的方法，具体由解说员的发音特点和话筒性能来决定。低语调的动态范围不大，在 100 Hz 左右要衰减，以弱化话筒的进场效应并减少低频噪声，提高声音的清晰度，中频段在 1~300 Hz 略提升，以增加声音的响亮度。低语调时，男声容易出现喉音，女声容易出现呲音，所以拾音时要注意发音控制，最好加上防风罩。

4. 软件操作演示

（1）录音的降噪处理。在纪录片的前期拍摄中，收音时很容易录入电流声、杂音或嘈杂的环境音，这就需要我们在后期剪辑时，通过降噪处理来还原较为清晰的人物对白。

视频：录音的
降噪处理

操作步骤如下：

1）拖入素材，选中音频，在右侧的效果窗口中选择对话，如图 3-1 所示。

图 3-1

2）在"基本声音"面板中选择预设，根据视频素材的所处环境，选择对应的声音空间，如图 3-2 所示。

图 3-2

129

3）根据具体环境，调整动态参数、EQ 预设的内容（如略微提高男声），如图 3-3 所示。

图 3-3

（2）电话通话音效制作。电话通话音效即模拟电话的通话效果，适用于不同类型的题材与场景。

操作步骤如下：

1）选中要变成电话通话音效的音频部分，如图 3-4 所示。

视频：电话通话
音效制作

图 3-4

2）展开"基本声音"面板中的"对话"菜单，在"预设"下拉列表中选择"电话中"选项，调节数值即可，如图 3-5 所示。

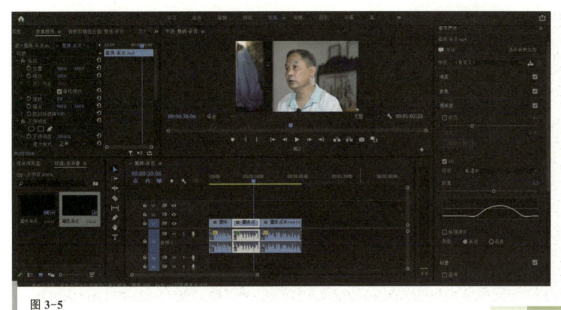

图 3-5

（3）房间混音效果制作。在纪录片剪辑创作中，可以根据人物采访的地点不同来合理进行声音的设计，以常用的室内采访为例，就可以设计房间混音效果，这种效果空间边界明确，对低频、重音的反射比较明显，可以增加人声的厚度、宽度。

视频：房间混音
效果制作

操作步骤如下：

1）选中要进行房间混音效果的音频部分，如图 3-6 所示。

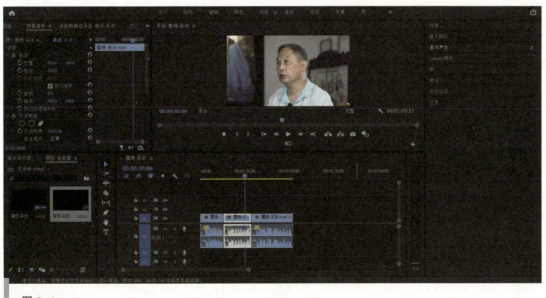

图 3-6

2）在"基本声音"面板中选择"SFX"选项，再选择"创意"→"预设"选项，选择房间混音（不同版本的 Pr 此处预设略有不同，如可选择小型干燥房间），调整参数，效果完成，如图 3-7 所示。

图 3-7

（五）素材初剪

1. 时空剪辑技巧

（1）相同时空的剪辑技巧。相同时空主体动作剪辑法则是将动作分解，以几个不同景别的镜头表现动作全过程。特别注意上下镜头之间脚步一致。相同空间主体动作剪辑的基本方法是主体不出画、不进画，主体动作接主体动作，其优点是空间合理，结构流畅，节奏明快。如果主体动作做进出画处理，这样就会扩大空间，延长时间，而且更严重的问题在于使上下镜头的时空关系混乱，因为在剪辑中，画外空间是自由空间，当主体出画外时，就意味主体进入了一个自由空间，而当主体进画时，则表明主体从一个自由时空进入一个特定时空。

（2）相邻时空的剪辑技巧。主体动作的剪辑可视内容和情节需要而定，如果主体动作在一组镜头中完成，那么常用的剪辑方法是第一个镜头主体出画，最后一个镜头主体入画，中间的镜头主体不出画不入画，主体动作接主体动作。这种剪辑方法在影视剧中较常见，其特点是：动作连贯，情绪延续，节奏较快，时空合理。这种剪辑方法往往突出时空关系中的时间因素，空间因素被淡化或者只是概念上的。因此，像表现百米赛跑可以用这种剪辑方法，第一个镜头运动员起跑，出画，以后的镜头主体一直在画面之中。也可以第一个镜头主体入画，中间镜头主体不出画不入画，最后一个镜头主体出画。这种剪辑方法更强调时空关系中的空间因素，时间在这里被淡化、抽象化了，因此，常用来表现主体在一个特殊空间中的连续运动。

（3）相异时空的剪辑技巧。相异时空主体动作剪辑法则是使主体在不同环境、不同地点、不同时间进行活动的镜头相互组接。例如，一个男子提起旅行箱离开房间，来到北京火车站候车大厅，该片段有下面几种剪辑方法。

1）上个镜头男子拎起旅行箱出画后切出，下一个镜头从北京站站前广场拉出，男子在进画前寻找合适时机切入。

2）上个镜头男子在出画后切出，下个镜头男子在入画后切入。

3）上个镜头男子不出画即剪，下个镜头男子进画前切入。注意：第二个镜头男子在进画前应保留一定的空间，否则很突兀。

4）上个镜头男子不出画即剪，下个镜头从北京站站台拉出，男子已在站前广场，或者男子被众人挡住后再挤进来。

5）上下镜头中如果男子既不出画也不入画，并且没有镜头运动和主体运势，需要在上下镜头间插入镜头，例如一张火车票特写或大街上车来车往的景象。

2. 画面与解说词融合技巧

（1）尽量提高解说词本身的写作质量。在写作过程中，首先，应尽量使用贴近社会的语言，使解说词易于观众理解；其次，应该采取生动轻松的语言风格，减少观众的排斥情绪；再次，要对解说词反复修改，结合画面内容进行前期尝试，保证解说词完全符合画面的内容；最后，解说词应该精练而且具有逻辑性，以使观众迅速了解事件发生的过程。

（2）在剪辑画面时，要有意识地缩短解说词的长度，突出画面的优势。因为画面能够更加直白清楚地表现节目内容，所以制作人员应该重视画面的作用，保证画面内容充实、特点突出而且完整。在视听语言艺术要求的约束下，解说词的语言形式要尽可能形象化，又要区别于文学作品中类似小说那样对艺术形象的细致描绘，因为受时间限制，写解说词必须要有时间观念，不能冗长。另外，画面已经提供的信息很重要，解说词往往不必重复，而要一针见血，画龙点睛，透视出画面的内涵与精神，写景写人要反映出心灵的境界。

3. 声音的剪辑技巧

纪录片中的声音主要包括采访、对白、配音、环境音、音效和音乐。采访、人物对白、配音是"人声"，是推动叙事的主导声音，前两者在现场拍摄中完成，后者在录音室中完成。环境声和音效可以拓展画面的空间，增强真实性，而音乐可以画龙点睛，增强纪录片的艺术性。下面对声音剪辑中常遇到的共性问题及解决方法进行分析。

（1）同期声的剪辑可以合理地运用声画错位。例如，将上一个镜头的同期声延续到下一个镜头开始一两秒后；当然也可以将后面一个镜头的同期声前置几秒，没有固定的要求，剪辑时以听觉上感觉舒服为准，这样处理是为了保持同期声自然过渡，实现连贯的声音效果。

（2）音效与环境音在纪录片剪辑中非常重要，但容易被忽略。以纪录片《中国村落》为例，在声音剪辑设计中，前立体声组为画面主要元素风吹麦浪的环境音，后立体声组选用村落熙熙攘攘的音效素材，对中低频进行衰减，增加预延时和混响量以使其声像定位在较远处，配合画面尽头山谷，添加一些细碎的山间鸟叫声和风声。除此之外，加以鸡鸣狗吠细节声作为点缀，使整体声音层次丰富、空间饱满，营造出一个非常自然的环境气氛。

（3）在人物的采访中，各种原因可能导致采访对象的语言十分啰唆，这就需要进行必要的压缩提炼，可以切割人物访谈的内容，也可以插入镜头进行遮挡，这相当于用声画错位的方法进行处理。但剪辑时一定要保持讲话声音的完整，尤其是尾音，有时候受访者的对白很容易被切掉几帧，需要特别注意。

（六）蒙太奇应用

（1）DV 倒带回放效果制作。通常 DV 倒带回放效果可以营造一种时光倒流的感觉。也可以通过这种效果改变视频的原本意义，譬如一个睁眼的片段使用 DV 倒带回放效果后，则变为闭眼，所以，需要结合具体的剪辑内容来合理使用。

视频：DV 倒带回放
效果制作

操作步骤如下：

1）按 Alt 键复制素材放在后面，然后调整倒放速度，如图 3-8 所示。

图 3-8

2）添加黑场视频，在黑场视频上添加杂色效果，修改参数，如图 3-9 所示。

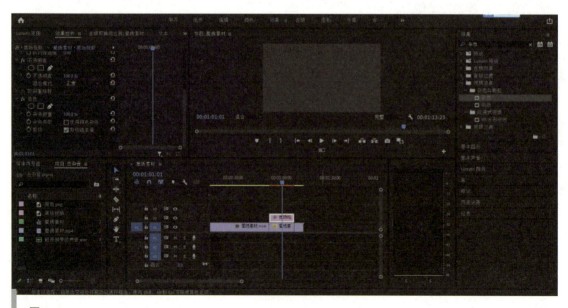

图 3-9

3）添加波形变形效果，修改参数，如图 3-10 所示。

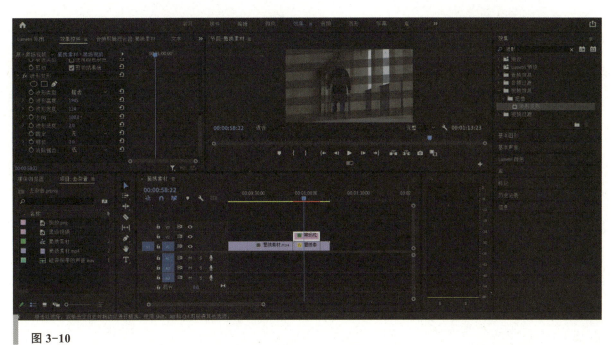

图 3-10

4）新建调整图层，放在黑场视频上方的轨道中，添加杂色效果，修改参数，如图 3-11 所示。

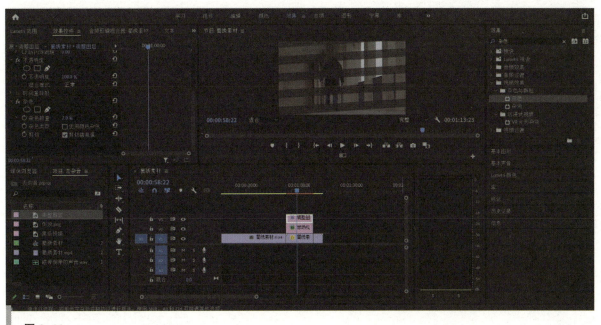

图 3-11

5）添加波形变形效果，修改参数，如图 3-12 所示。

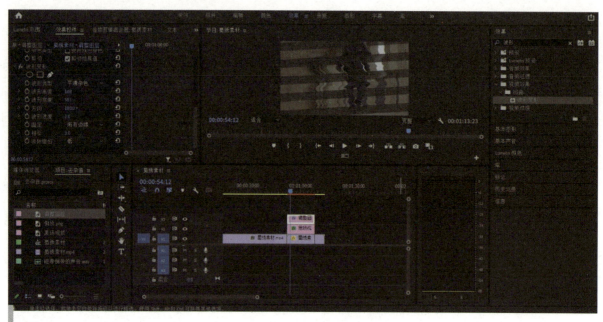

图 3-12

6）添加倒放图标及音效，修饰细节，如图 3-13 所示。

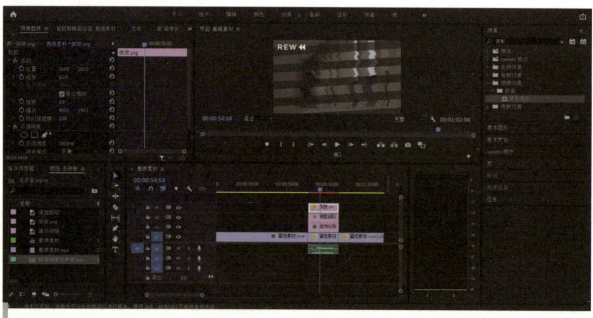

图 3-13

7）效果完成，如图3-14所示。

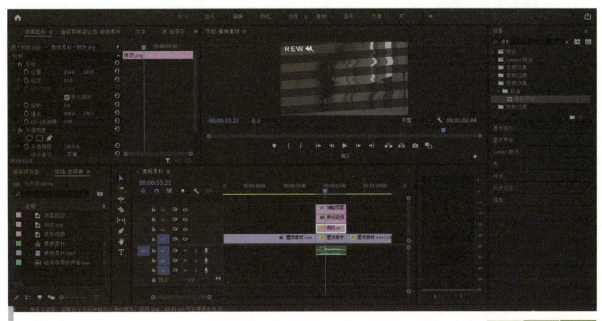

图3-14

（2）老电影效果制作。老电影效果是使视频色调呈棕褐色或黑白色，给观众一种视频年代久远的感觉，营造一种怀旧情绪。这是纪录片剪辑创作中常用的效果。

视频：老电影
效果制作

操作步骤如下：

1）导入胶片素材置于上层轨道，在"效果控件"选项卡中将混合模式改为相乘，如图3-15所示。

图3-15

2）打开 Lumetri 给原素材调色，让整个画面看起来具有老电影的感觉，如图 3-16 所示。

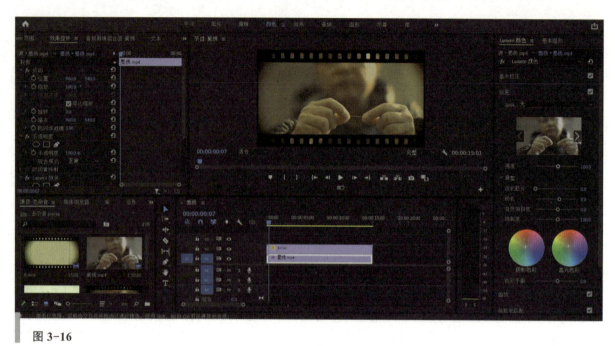

图 3-16

3）添加带 Alpha 通道的胶片划痕素材，在"混合模式"下拉列表中选择"变暗"选项，如图 3-17 所示。

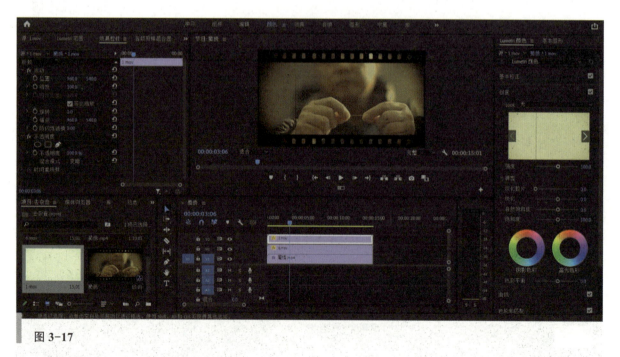

图 3-17

4）效果完成，如图 3-18 所示。

图 3-18

视频：摄像机录制
效果制作

（3）摄像机录制效果制作。在纪录片剪辑创作中，有时候要向观众强化纪实性或真实感，通常会营造一种"正在记录"的状态，摄像机录制效果通常应用于类似场景。

操作步骤如下：

1）将摄像机绿幕素材拖至 V1 轨道，在 V2 轨道添加要呈现的素材，如图 3-19 所示。

图 3-19

2）在效果中选择超级键拖到绿幕上，用吸管吸取绿幕颜色，添加快门声音效，如图3-20所示。

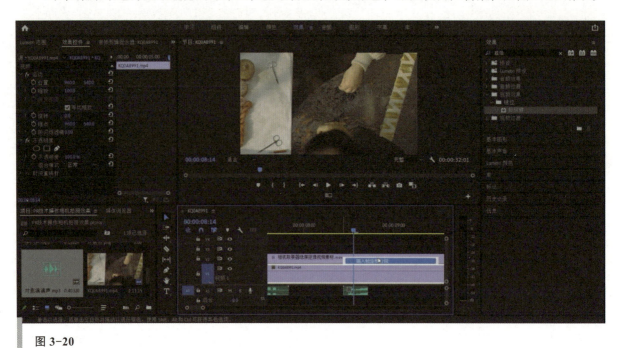

图 3-20

3）导入相机取景器素材，移动位置调整对焦点，如图3-21所示。

图 3-21

4）添加快速模糊效果，调整属性，修饰细节，效果完成，如图 3-22 所示。

图 3-22

（4）开关电视机效果。开关电视机效果是模拟电视机开机或关机的动画，即在视频开场的时候由黑屏快速展开成视频画面、结尾或中间过渡的时候快速关闭成黑屏的效果，这个效果极为简洁，可应用于多种剪辑创作场景。

操作步骤如下：

1）拖入视频素材，在"效果控件"选项卡中取消勾选"等比缩放"复选框，如图 3-23 所示。

视频：开关电视机效果

图 3-23

2）单击"缩放高度""缩放宽度"前的秒表，按"Shift+ →"组合键向后移动 5 帧，将"缩放高度"调整为 1，"缩放宽度"不变，如图 3-24 所示。

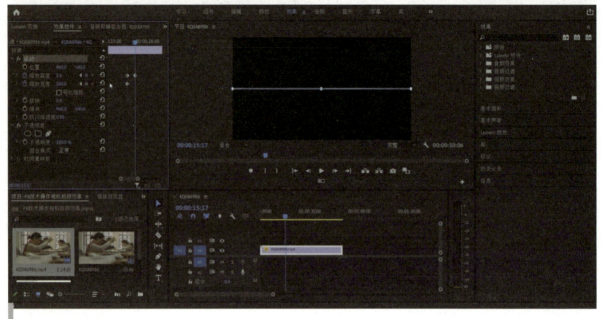

图 3-24

3）单击宽度后面的关键帧，按"Shift+ →"组合键向后移动 5 帧，将"缩放宽度"调整为 0，"缩放高度"不变，如图 3-25 所示。

图 3-25

4）关电视机效果完成。开电视机效果同理，反着设置属性即可，如图3-26所示。

图3-26

（5）胶片滚动转场效果。在纪录片的剪辑创作中，可能会有时间跨度很大的素材，胶片转场是一种带有浓郁的复古、怀旧风格的转场方式，通过滚动的形式完成场景变化，完成段落衔接，形成一种包装，也可以形成倒叙的叙事风格。

视频：胶片滚动
转场效果

操作步骤如下：

1）拖入两段素材，在素材中间添加调整图层，如图3-27所示。

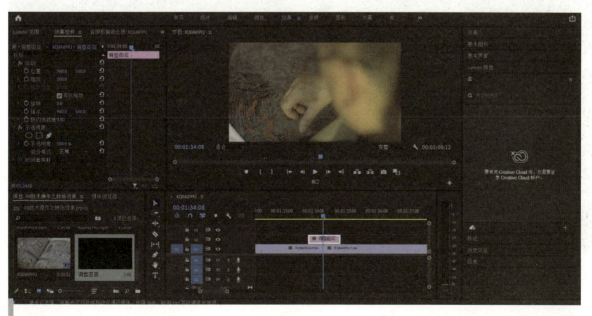

图3-27

143

2）将偏移效果拖入调整图层，在"效果控件"选项卡中调整"将中心移位至"的数值（X是左右、Y是上下），如图3-28所示。

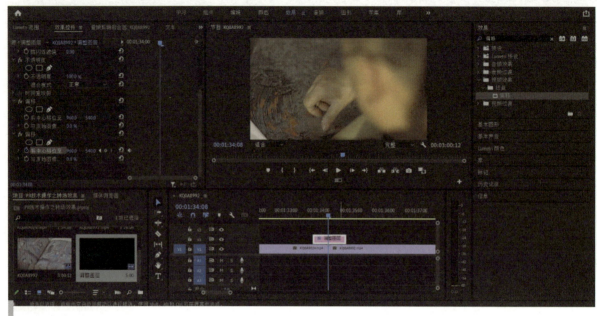

图 3-28

3）选中全部关键帧，单击鼠标右键，选择"临时插值"选项，再选择"缓入缓出"选项，如图3-29所示。

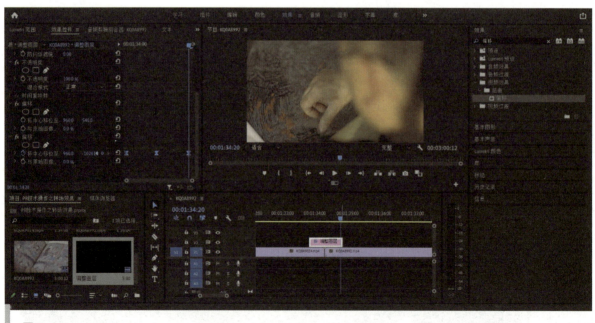

图 3-29

4）调整运动数值参数，如图 3-30 所示。

图 3-30

5）将方向模糊效果拖入调整图层，在"效果控件"选项卡中调整模糊长度，全选关键帧，单击鼠标右键选择"缓出缓入"选项，如图 3-31 所示。

图 3-31

6）导入镜头扭曲效果拖入调整图层，在"效果控件"选项卡中调整模糊长度，全选关键帧，单击鼠标右键选择"缓出缓入"选项，如图 3-32 所示。

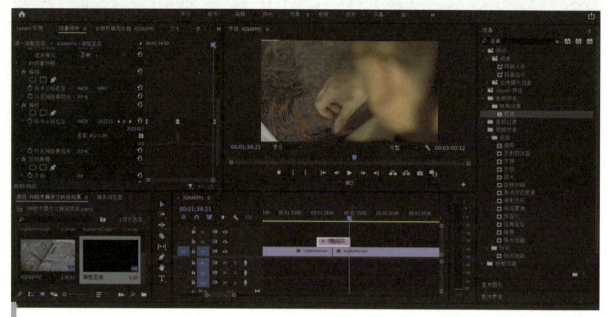

图 3-32

7）加入旧胶卷效果，增加边框质感，效果完成，如图 3-33 所示。

图 3-33

三、素养养成

（一）主题确定

（1）我们在赏析纪录片《我在故宫修文物》时可以清晰地看到它重点记录了故宫的书画、青铜器、宫廷钟表、木器、陶瓷、漆器、百宝镶嵌、宫廷织绣等领域的稀世珍奇文物的修复过程和修复者的生活故事。诸多珍贵文物是我国厚重历史的印证，也是对昔日辉煌的诉说。我们在以后的生活、工作中一定要坚定文化自信，把中华文化厚重的底蕴通过影像传递给更多人。

（2）我们在观看纪录片《我在故宫修文物》时，片中不仅完整呈现了世界级文物的原始状态和收藏状态，也展现了中国文物修复专家的修复过程和精湛的技术，将他们一丝不苟和精益求精的工作态度体现得淋漓尽致。在剪辑的工作过程中，也应该保持这种热爱与细致，只有这样才能"择一事，终一生"。

（3）纪录片《美丽中国》从长江以南的稻米之乡开始，到酷热的西双版纳雨林，再到极寒的珠穆朗玛峰，跨越长城，飞跃黄河流域及蜿蜒曲折的 1.8 万千米海岸线，将祖国的大好河山展现给世界。我们在查阅资料时了解到它曾荣获第 30 届"艾美奖新闻与纪录片大奖"最佳自然历史纪录片摄影奖、最佳剪辑奖和最佳音乐与音效奖。能够荣获这些奖项，源于我们祖国丰富的自然人文景观，在以后的工作过程中，不仅要传递厚重的历史底蕴，也要把这些身边的美好随时记录，将中国人文风景之美传播给世界。

（4）同样是拍摄中国的瓷器，中央电视台联合大英博物馆和 V&A 博物馆共同制作纪录片《China·瓷》。这部纪录片深入探讨了瓷器在世界历史中扮演的角色，以及中国瓷如何影响西方世界的社会生活艺术、宗教、政治和经济。日本广播协会（NHK）则拍摄了纪录片《汝窑青瓷——日本人眼中的中国国宝》，将中国的国宝汝窑青瓷如何征服日本人展现出来。英国广播公司（BBC）所拍摄的纪录片《从六件瓷器认识中国》则是通过陶瓷专家拉尔斯·撒普（Lars Tharp）最珍爱的六件瓷器来讲述中国故事，旅程穿越了中国上千年历史，讲述了关于中国皇帝、学者、工人、商人和艺术家的故事，能帮助更多人了解今天的中国。我们会发现同样的事物总是会有不同的分析角度，这就告诉我们每个人都是不一样的，都有自己独特的生活阅历和生命体验，即便对同样的事物，在解读、赏析和看法上也会不一样，所以同学们无论在拍片还是剪辑片子的时候，都需要辩证地看待问题。

（5）在确定主题的时候，要旁求博考，力求实事求是，养成求真务实的工作作风；在设计剪辑主题的过程中，要多方探究，养成合作沟通的职业素养。

（二）素材收集

（1）《了不起的匠人》是亚洲首部治愈系匠心微纪录片。《了不起的匠人》中既有叹为观止的器物，也有各地的人文风情。我们看到了北至山东的年画，南至台湾的花艺，在赏析的过程中，不仅要从精美的事物中提升审美能力，更要坚定文化自信。

（2）通常情况下，纪录片制作前期的素材资料非常庞大且无序。一般情况下都是以分散的形态存在，尽管有一些场记，但是在剪辑开始之前，需要仔细看完素材并做好记录以备用。更重要的是尽量从杂乱无章的素材中找到某种关联、逻辑及细节。这就要求我们吃苦耐劳，细心、耐心，具有责任心，养成精益求精的精神。

（3）我们在赏析纪录片《了不起的村落》，认真地听解说词时，一定会不自觉地注意到一些字眼和数字：敖鲁古雅是中国最后的驯鹿村，只有 14 户人家还在守护着森林与驯鹿；兰屿被称为台湾最后一块净土，全岛有 4 300 个雅美族原住民；禾木村是最后三个图瓦人部落之一，作为其中最大的一个，只有 251 户人家、725 个人……这些数字的背后是正在消失的部落，也是古老与现代的冲突。正在逐渐消失的他们，因为一部纪录片引起注意，被重新关注。作为影视从业者，应该敏感地抓住具有社会价值的事物、人群，把他们记录下来，为世界和平、人与自然的和谐相处作出贡献。

（4）在挑选素材的时候，要打开思路、积极探究素材的来源、分类，合理运用思维导图激发灵感，提高创造力，在探究过程中，也要注意交流的方式方法，养成良好的合作沟通的职业素养。

（三）结构设计

（1）衣服是我们日常生活中的必需品，这些在我们身边的常见的事物，在纪录片《布衣中国》中表现出了鲜为人知的一面。我们通过案例看到了海南省历史超过三千年的黎锦，看到了什么才是"青出于蓝而胜于蓝"。看了这部纪录片我们会发现衣服的背后是整个民族的文化与历史底蕴。我们要秉持勤奋好学的态度，将中华民族的优秀文化传播到世界。

（2）现如今，我们无论是身穿旗袍还是汉服，都能非常自然地走上街头。这既是传统和现代的碰撞，也是时代的进步。要知道，在封建社会，衣服的穿着讲尊卑等级。封建官宦穿正色，平民着间色，衣服穿着等级森严。因此，我们更应该爱党爱国，坚定制度自信。

（3）纪录片《布衣中国》除拍摄"穿衣服的人"外，还把镜头对准那些衣服背后的匠人。对于他们而言，一针一线、一刀一剪都是乐趣。做衣服，从来不会枯燥，因为没有一件重复的衣服，所以他们每天接触的都是新鲜的。就像在进行后期剪辑工作，没有一个片子是完全一样的，干一行爱一行，择一事，终一生，我们应该更好地学习知识，掌握好技能，发扬工匠精神。

（4）我们在对纪录片《生活万岁》进行结构分析和学习的过程中，看到了在亡妻坟前朗诵朴素情书的抗战老英雄，看到了上海卖油墩子替儿子还债的老年夫妇，看到了在宁夏固守乡村小学的年轻教师，看到了重庆夜场中美丽泼辣的失恋舞蹈演员等十四组普通的中国人群像，他们的生活或艰辛，或无奈，或带着些许苦涩，但即便如此，在他们每个人身上都闪烁着默默坚持、热爱生活的光芒，生活或许不够完美，但躺平的生活就会完美吗？同学们在大学时代最美好的年华，更应该不负青春，热爱生活，积极向上，践行社会主义核心价值观。

（5）在确定结构的时候，要旁求博考，力求实事求是，养成求真务实的工作作风；在设计剪辑结构的过程中，要多方探究，养成合作沟通的职业素养。

（四）解说词录制

（1）众所周知，中国文化博大精深，这在文案的写作上体现得尤为明显。例如纪录片《舌尖上的中国》，它在描述食物的时候，运用了大量的修辞手法，如"发酵菌欢乐的歌声""中国人能从黄酒中品出刚柔两重境界"等语句，让人透过这些唯美的文字感受到中国美食的源远流长。因此，在纪录片的文案创作过程中，要注意写作技巧，多借鉴和学习文学知识，通过这种文化浸润来提升自身的写作技巧。

（2）我们常说"一方水土养育一方人"，不同地区的人吃不同的食物，例如纪录片《舌尖上的中国》，它并不是单纯地讲述美食，而是把美食当作一个媒介，找到美食文化与人类社会的关系。整个纪录片表现最多的是无处不在的人文关怀，以及美食背后的人与事，它们都散发着浓郁的中国韵味，这里面蕴藏着中国厚重的历史和文化，从饮食表现出中国是一个大一统的国家。在工作过程中要注意挖掘事物背后的深刻内涵，弘扬中国的厚重文化与历史，坚定文化自信。

（3）纪录片《舌尖上的中国》通过镜头记录了平凡人的生活和劳动，同时，也对劳动进行赞美，对大自然给予钦佩和敬畏。在日常生活中，要节约粮食，节约水源，与自然和谐共处，践行社会主义核心价值观。

（4）在解说词收音过程中，要注意分工配合，高效完成任务，同时也要注意交流的方式方法，养成良好的合作沟通的职业素养。

（五）垒材初剪

（1）在中国广袤的土地上，散落着数千个传统村落，它们是农耕文明留下的遗产。然而，我们通过纪录片《中国村落》了解到，随着时代的快速进步，在社会经济发展与城镇化建设的冲击下，不少传统村落危在旦夕。我们失落的这些东西是曾经历史的见证，它们如此消失是多么的可惜，故而更要珍惜眼下，热爱生活，坚定理想信念，勇敢追求，不要等到失去才追悔莫及。

（2）我们通过查阅资料了解到纪录片《中国村落》聚焦中国传统村落，通过纪实手法讲述发生在村落里的"小人物""小故事"，传递出深埋在乡土间的脉脉温情，拼接出属于每个中国人的"文化记忆"。在工作过程中，也应该不断挖掘这种"文化记忆"，自觉传承和弘扬中华优秀传统文化。

（3）在进行声音剪辑时，要注意剪辑点的选择，必须做到精确、精准。这样才能营造出最佳的效果，所以，在剪辑过程中一定要有精益求精的工匠精神。

（4）在使用时空剪辑技巧时，不要漫无目的地，随性而为，应该养成求真务实的工作作风，基于理论支撑能够充分印证调整的原因，进而达到更好的效果。在探究过程中，也要注意交流的方式方法，养成良好的合作沟通的职业素养。

（六）蒙太奇应用

（1）诸葛亮的《出师表》中有这么两句话："亲贤臣，远小人，此先汉所以兴隆也；亲小人，远贤臣，此后汉所以倾颓也。"我们不仅可以以此学习到对比的知识，在以后的生活工作中，也应该"远小人"，而自己更不应该成为"小人"，要努力践行社会主义核心价值观。

（2）《出师表》最显著的特点是率直质朴，表现出恳切忠贞的感情。在六百余字的篇幅里，它先后十三次提到"先帝"，七次提到"陛下"。"报先帝""忠陛下"思想贯穿全文，处处不忘先帝"遗德""遗诏"，处处为后主着想，期望他成就先帝未竟的"兴复汉室"的大业。我们通过文章的学习，也应深刻体会这种深入骨髓的家国情怀。

（3）《出师表》是《三国志》中的名篇，它是中国传统美德的代表，也代表一种坚贞不渝的信仰。我们要坚定文化自信，用影视的形式弘扬中华民族的优秀传统文化。

（4）我们在赏析《普通法西斯》时可以看到，导演米哈依尔·罗姆要探讨的是为什么20世纪中期竟会出现法西斯这种可耻的现象，并考量普通人变成"普通的法西斯主义者"这一历史根源。我们要铭记历史，勿忘国耻，正因为革命先烈的热血才有了今日祖国的繁荣昌盛。要牢牢树立爱党爱国的信念。

（5）在设计蒙太奇的时候，要打开思路、积极探究，在探究过程中，也要注意交流的方式方法，养成良好的合作沟通的职业素养。

学习准备

一、问题思考

1. 剪辑纪录片的视角是什么？
2. 如何紧扣主题开展叙事剪辑？
3. 剪辑纪录片时如何把握时空？

二、学习材料

1. 准备好计算机并安装好 Pr 软件。
2. 纸、笔。
3. 案例资源清单。
（1）《工厂的大门》（电影片段）。
（2）《火车进站》（电影片段）。
（3）纪录片《舌尖上的中国》。
（4）纪录片《海豚湾》。
（5）纪录片《辛亥风云》。
（6）纪录片《周恩来外交风云》。
（7）纪录片《美丽中国》。
（8）纪录片《民间歌舞》。
（9）纪录片《鸟的迁徙》。
（10）纪录片《大国崛起》。
（11）纪录片《河西走廊》。
（12）电影《撞车》。
（13）纪录片《了不起的村落》。
（14）纪录片《半个世纪的爱》。
（15）《穿普拉达的女王》（电影片段）。
（16）纪录片《普通法西斯》。
（17）纪录片《俺爹俺娘》。
（18）纪录片《了不起的村落》。
（19）纪录片《布衣中国》。
（20）纪录片《舌尖上的中国》。
（21）纪录片《生活万岁》。
（22）纪录片《中国村落》。

（23）纪录片《我在故宫修文物》。

（24）纪录片《China·瓷》。

（25）纪录片《汝窑青瓷——日本人眼中的中国国宝》。

（26）纪录片《从六件瓷器认识中国》。

（27）纪录片《了不起的匠人》。

（28）纪录片《了不起的村落》。

三、学习分组

每组不超过 3 人，请填写分组名单（表 3-1）。

表 3-1　分组名单

班级		组号		授课教师	
组长		学号			
组员	姓名	学号		姓名	学号

项目实施

任务一　纪录片选题确定

一、任务描述

选择所提供的新闻事件、微型盆景、名画中的一个为观察对象，探究真相或挖掘价值，确定主题。完成选题设计单，见表 3-2。

表 3-2　主题设计单

剪辑题目	微纪录片剪辑		
主题设计依据	纪录片选题因素分析	优秀纪录片主题的启发	受众兴趣点
主题设计思路	事物直接感受 （观察事物的直接感受）	好奇或质疑 （你看到了什么而感到好奇或有疑惑）	未知的真相 （值得深挖或研究的价值）
确定选题			

二、工作准备

1. 纪录片《美丽中国》和《航拍中国》的主题有什么不同？
2. 你喜欢哪一部纪录片？为什么？

三、工作实施

（一）观察事物

问题引导 1：纪录片是以＿＿＿＿＿＿为创作素材，＿＿＿＿＿＿表现对象进行艺术加工的。

问题引导 2：纪录片以＿＿＿＿＿＿为本质。

问题引导 3：请在指定的新闻事件、微型盆景、名画中任选一样，谈谈你的感受。

_____

_____

问题引导 4：可以从哪些角度对人或事进行观察？

_____

_____

问题引导 5：仔细观察你所选择的对象，谈谈你想了解什么？分析观众会不会感兴趣并说明原因。

_____

_____

_____

（二）挖掘主题

问题引导 1：纪录片可分为_____、_____、_____、_____、_____、_____等类型。

问题引导 2：纪录片的价值包括_____、_____、_____。

问题引导 3：你认为纪录片的选题要素有哪些方面？

_____

_____

_____

问题引导 4：对所选对象进行初步了解与调查，哪些方面你觉得有话可说？

_____

_____

_____

问题引导 5：请把你的想法归纳整理，写出你将剪辑的微纪录片的中心思想。

_____

_____

_____

四、成果展示

小组代表进行汇报。分析自己的亮点与不足。

_____

_____

_____

_____

任务二　纪录片素材挑选

一、任务描述

　　围绕主题，紧扣事件发展的关键要素，厘清人物关系和因果关系，挑选素材。完成素材整理单，见表 3-3。

表 3-3　素材整理单

剪辑题目	微纪录片剪辑		
剪辑选题			
故事内容			
素材分类	实时、采集、采访素材	搬演素材	添加素材
素材挑选	真实的 （记录非常客观的画面）	细节的 （能反映问题、突出矛盾、刻画人物的画面）	可延展的 （具有深意的、反映问题的画面）
人物事件的因果关系图			

二、工作准备

1. 通过搜集资料或调查走访，尽可能多地了解你所选对象的信息。
2. 根据所掌握的信息对素材进行分类整理。

三、工作实施

（一）观察分析收集素材

问题引导 1：纪录片素材分类包括＿＿＿＿＿、＿＿＿＿＿、＿＿＿＿＿、＿＿＿＿＿、＿＿＿＿＿和添加素材。

问题引导 2：纪录片素材选择的原则是_____和_____。

问题引导 3：通过你对所选对象的了解，谈谈它包含哪些非常真实而有价值的内容。

_____

_____

_____

问题引导 4：通过你对所选对象的了解，谈谈有哪些细节值得表现。

_____

_____

_____

问题引导 5：通过你对所选对象的了解，谈谈有哪些值得思考的问题。

_____

_____

_____

_____

（二）绘制思维导图，进行提炼归纳

问题引导 1：纪录片素材的挑选一定是基于对素材的_____和充分了解。

问题引导 2：你怎么理解添加素材与纪录片真实性的关系？

_____

_____

_____

问题引导 3：根据剪辑主题，将你收集好的素材进行整理，列出清单。可将你在整理中的经验或新发现记录下来。

_____

_____

_____

问题引导 4：熟悉素材内容，根据人物关系与因果关系进行归类梳理，绘制素材思维导图。

_____

_____

_____

四、成果展示

小组代表进行汇报。分析自己的亮点与不足。

_____

_____

_____

任务三　纪录片结构设计

一、任务描述

围绕主题，根据选材内容，运用三段式结构法，设计微纪录片的剪辑结构。完成剪辑结构设计单，见表 3-4。

表 3-4　剪辑结构设计单

故事划分为 ___ 个部分	时间分段	画面内容
第一部分起止、内容 （问题是什么？）		
第二部分起止、内容 （找到原因了吗？解决了吗？）		
第三部分起止、内容 （结论是什么？）		
……		

二、工作准备

1. 你所收集的素材有什么逻辑关系？
2. 你打算如何叙事？

三、工作实施

（一）故事脉络梳理

问题引导 1：剪辑时空的分类包括_____、_____、_____。

问题引导 2：叙事蒙太奇是最常用的一种叙事方法，它的特征是以_____、_____为主旨。

问题引导 3：分析纪录片《我在故宫修文物》的篇章及内容，谈谈你对此的理解。

_____

_____

_____

问题引导 4：你所选的对象有什么样的故事或真相？

_____

_____

_____

问题引导 5：请找到矛盾冲突或思辨问题并简要阐述。

_____

_____

_____

（二）剪辑结构设计

问题引导 1：纪录片的剪辑核心是抓住_____或事件的_____。

问题引导 2：剪辑时空的分类包括_____、_____、_____。

问题引导 3：纪录片的剪辑特点是什么？

_____

_____

_____

问题引导 4：三段式叙事结构具体是什么？

_____

_____

_____

问题引导 5：围绕你的剪辑主题和选材内容，根据故事脉络，按照三段式叙事结构，设计纪录片剪辑的结构。

_____

_____

_____

四、成果展示

小组代表进行汇报。分析自己的亮点与不足。

_____

_____

_____

_____

任务四　纪录片解说词录制

一、任务描述

根据你的主题和结构，撰写解说词，完成录音制作。填写解说词制作单，见表 3-5。

表 3-5　解说词制作单

结构	画面内容	解说词	录音要求
第一部分起止、内容（问题是什么？）			
第二部分起止、内容（找到原因了吗？解决了吗？）			
第三部分起止、内容（结论是什么？）			
……			

二、工作准备

1. 选择一部优秀的纪录片，说说它的解说词的巧妙之处。
2. 选择一部优秀的纪录片，赏析它的解说词的语气、语调。

三、工作实施

（一）解说撰写

问题引导 1：纪录片解说词的特点主要包括_____和_____。

问题引导 2：纪录片解说词的修辞手法有_____、_____、_____、_____、_____。

问题引导 3：纪录片解说词的撰写技巧有哪些？

_____

_____

_____

问题引导 4：根据你的剪辑结构，完成解说词的撰写，并检查其真实性与文学性，切忌写成流水账或看图说话。

_____

_____

_____

（二）录音处理

问题引导 1：录音时要注意_____、_____、_____等要素。

问题引导 2：完成录音。如没有专业录音棚，请对录音进行降噪处理。可将你在处理中的经验或新发现记录下来。

_____

_____

_____

四、成果展示

小组代表进行汇报。紧扣主题与情感表达，检查节奏，找出自己的亮点与不足。

_____

_____

_____

任务五　融合解说词编辑素材

一、任务描述

紧扣纪录片的选题价值，根据素材内容和解说词，按照剪辑结构设计进行初剪。

二、工作准备

1. 准备好并熟悉你所需要的素材。
2. 熟悉解说词，分析它与素材的对应关系。

三、工作实施

（一）按结构垒素材

问题引导 1：剪辑的时空包括_____和_____。

问题引导 2：剪辑的时间包括_____、_____、_____。

问题引导 3：剪辑的空间包括_____、_____、_____。

问题引导 4：举例说明有哪些时空转换技巧。

_____

_____

问题引导 5：根据剪辑结构的内容划分，将素材与之对应，进行分类标签。可将你在标签中的经验或新发现记录下来。

_____

_____

_____

问题引导 6：以素材与段落表达内容匹配为原则，完成整体剪辑。可将你在剪辑中的经验或新发现记录下来。

_____

_____

_____

（二）用解说词匹配画面

问题引导 1：在解说词与画面融合的过程中，要注意_____，给观众一些获取信息和思考问题的时间。

问题引导 2：纪录片的声音包括_____、_____、_____。

问题引导 3：纪录片需要处理哪些声音？它们的关系是什么？

_____

_____

问题引导 4：举例说明解说词如何帮助你更好地匹配画面进行叙事或表意。

_____

_____

问题引导 5：检查内外部剪辑节奏和观影心理节奏是否恰到好处，完成剪辑。可将你在剪辑中的经验或新发现记录下来。

_____

_____

_____

四、成果展示

小组代表进行汇报。围绕内容与结构，检查解说词与画面是否相匹配。找出自己的亮点与不足。

_____

_____

_____

任务六 对比、思想蒙太奇的应用

一、任务描述

围绕纪录片的选题价值，根据其情感抒发点，恰当地运用蒙太奇手法。

二、工作准备

1. 重温《出师表》，学习文学中的对比手法。
2. 查找资料，了解维尔托夫的理论贡献。

三、工作实施

（一）蒙太奇应用

问题引导1：对比蒙太奇类似文学中的对比描写，通过镜头之间在_____或_____的强烈对比，表达作者的某种情绪和思想。

问题引导2：思想蒙太奇是利用_____的文献资料重加_____表达一种思想。

问题引导3：你的剪辑工作中哪些地方可以使用哪一种蒙太奇手法？

_____

_____

_____

问题引导4：找到你剪辑中能够用对比镜头或历史影像来表达情感的地方，替换原有画面，调节节奏，完成剪辑。可将你在剪辑中的经验或新发现记录下来。

_____

_____

_____

（二）时空修饰风格设计

问题引导1：DV倒带回放效果能够从_____体现时空的变化。

问题引导2：摄像机录制效果是纪录片_____素材的常用效果。

问题引导3：你的剪辑工作中有没有可以使用时空修饰风格的地方？剪辑实践试试效果。可将你在剪辑中的经验或新发现记录下来。

_____

_____

_____

四、成果展示

小组代表进行汇报。紧扣主题与情感表达，检查情感渲染是否恰当。找出自己的亮点与不足。

_____

_____

_____

拓展迁移

一、拓展知识

（1）中国的首批纪录片。我国真正意义上最早的纪录片出现在抗日战争时期，是新闻纪录片。如《延安和八路军》（1938 年，袁牧之导演），该片反映了全国各地抗日爱国青年从四面八方来到延安的情景，并记录了毛泽东主席、朱德元帅当年的风采。那时国家处于内忧外患之中，人力、物力、财力严重匮乏，纪录片发展的速度非常缓慢。

（2）新闻美学。新闻既是对客观事实的反映，又是思想认识的升华，其本身就是美的主、客观因素相结合的物化。反映在新闻上，纪录片应该是有思想深度、有深邃意境、有阅读震撼力，能"贴近生活、贴近群众、贴近实际"，能"感染人、塑造人、教育人、鼓舞人"的优秀艺术品，即通过客观事实反映出"真"，以"真"为基础实现纪录片的社会价值"善"，最终外化出"美"。

（3）"所谓叙事蒙太奇，是蒙太奇最简单、最直接的表现，意味着将许多镜头按逻辑或时间顺序段纂集在一起，这些镜头中的每个镜头自身都含有一种事态性内容，其作用是从戏剧角度和心理角度去推动剧情发展。"[1]

（4）历史人物。

1）格里菲斯。美国早期电影导演，于 1915 年导演了《一个国家的诞生》，于 1916 年在影片《党同伐异》中设计了著名的"最后一秒中营救"。他在剪辑理论与实践方面做出了巨大贡献，包括创造分镜头法，以镜头为单位构成场景、形成段落，并确立了段落在电影叙事中的地位；建立 180°轴线，创立三镜头法，建立无缝剪辑原则；创造"闪回"技法，拓展银幕的时空；开始有意识地利用剪辑控制画面的、情绪的、节奏等。

2）维尔托夫。苏联电影导演、编剧兼理论家，他主张用真实事件在银幕上反映社会现实，但他从不曾单纯地记录生活事实，而是力求通过对素材的剪辑组织"对世界做出共产主义的译解"。他在工作中不断探索新的拍摄方法和新的剪辑方法，以揭示革命进程中的现实，这就是他所宣扬的电影眼睛派。

（5）微纪录片的概念、特点。微纪录片是指取材于真实生活，以真人真事为表现对象，通过合理的艺术加工，用真实引发观众思考的一种艺术形式。与纪录片一样，微纪录片的核心也是真实性。微纪录片是时代进步的产物，由传统的纪录片演变而来，具有传统纪录片的所有特点，但更适应于新媒体平台、手机等媒介的传播，通常时长为 5~25 分钟。

---

[1]　[法]马赛尔·马尔丹. 电影语言[M]. 北京：中国电影出版社，1992：108.

（6）微纪录片发展趋势和特征。微纪录片的创作成本较低，制作周期短，投入人力、物力相对较少，但是对内容要求较高。在专业化团队的打磨下，小投入高产出的优秀作品不断涌现。微纪录片获得的关注在持续增加，激励着高水平的作品不断出现。随着手机、新媒体的普及和媒介融合技术的兴起，借助移动客户端和网络的支持，微纪录片的碎片化表达形式得到快速传播。观看微纪录片的群体以年轻人占多数，而年轻群体习惯使用网络客户端的习惯给它的发展提供了广阔的空间。因此，微纪录片的发展趋势主要是碎片化时间的利用、纪录片受众年轻化和独具一格的视听语言。

（7）微纪录片市场分析。微纪录片在继承了纪录片所有特点的基础上，有自身的优势和发展特征，再加上新媒体时代的支撑，其未来市场将有很大空间。例如，中宣部联合中央电视台出品的《如果国宝会说话》，用每集5分钟的时间讲述一件文物，在哔哩哔哩已连载三季，每季评分高达9.9。微纪录片只要制作成精品，发行渠道广泛，盈利的可能性比数字电影大。

（8）新媒体成为行业重要支撑点。《中国纪录片发展报告（2021）》介绍了当下中国纪录片行业发展的七大特点。其中有一点着重提出："融合传播成为主流传播方式，形成线上线下、大屏小屏共振的传播新格局"。我国新媒体时代的快速发展，已经成为影响纪录片播出格局的最大变量。而播放渠道的多元化，为纪录片的繁荣提供了更多的播出机会和更大量的收看群体。例如，在腾讯视频上线的纪录片《风味人间》在豆瓣评分高达9.1。根据分析，新媒体平台不仅在微纪录片方面的生产投入成本逐渐增加，其拍摄的纪录片的质量也处于上乘，这预示着新媒体机构将成为我国纪录片行业的支撑点和发展新动力。

（9）微纪录片的现存问题和未来。微纪录片在迅速发展的过程中也存在着许多问题，如质量参差不齐、市场环境不够规范、运营模式尚不科学等。但是如同任何新生事物的发展一样，只有经过困难、克服困难，才能实现真正的发展进步，微纪录片的发展也必然经过披沙拣金的过程。在当下，微纪录片的"微"特征更能适应新媒体的传播要求。微纪录片在当今这个全民参与的影像时代，势必成为纪录片发展不可阻挡的趋势。随着智能手机的普及和信息视频化程度的提高，以微电影、微视频、微纪录片为代表的微传播时代已经到来，它不断丰富纪录片的品种和表现方式。创作主体的多元化和创作题材的多样化，无疑会扩大纪录片的社会影响，强化纪录片的生活化和新闻化特征。

二、素养养成

（1）我们在赏析纪录片《如果国宝会说话》时发现，它通过每集5分钟的时间讲述一件文物，使我们不仅看到了精彩绝伦的国宝，也看到了国宝背后的中国精神、中国审美和中国价值观。在剪辑过程中，不仅要坚定文化自信，也应该弘扬传统文化，带领观众读懂中华文化。

（2）新媒体的交互性、大众化特点为普通的创作群体提供了一个自由表达的平台。微纪录片表达的更多的是"微生活"，制作选题时应该尽量接近人们的生活实际，以平凡人的视角切入观点，这样更能引起大众的情感共鸣。而且要注意价值观的引导，增强影视从业者的社会责任感。

（3）在评价环节中，要提升艺术鉴赏能力，也就是审美能力。对同学们剪辑作品的价值、形式、内容等方面进行分析，并做出中肯的评价。在这个过程中，同学们也应取长补短，学习新的艺术形式或表现技巧。

（4）通过之前的学习与练习，我们在进行自命题微纪录片的剪辑设计时，要善于类推，触类旁通，把所学的知识活学活用，这样才能更好地提升自己的综合能力。

三、模型演练

综合运用所学知识技能，完成自命题微纪录片剪辑设计单，见表 3-6。

表 3-6　自命题微纪录片剪辑设计单

微纪录片题目	
矛盾点或存在的问题在哪里？探究的真相或说明的内容是什么？	
剪辑选题及价值：	
剪辑结构：	
绘制挑选素材的思维导图：	
简要阐述文案编写思路	如何处理剪辑的时空？
蒙太奇如何运用？请具体说明	有无视频特效设计？请具体说明
其他说明：	

评价总结

一、自我评价（表 3-7）

表 3-7　个人自评表

评价维度	评价内容	分数	分数评定
知识获得	了解纪录片的概念、特点	0.5 分	
	了解新闻美学度	1 分	
	了解纪录片素材的分类	1 分	
	了解纪录片解说词的特点及作用	1 分	
	了解微纪录片的概念与特点	0.5 分	
	了解微纪录片现存问题和未来	1 分	
	了解微纪录片的市场发展趋势	1 分	
	掌握事物探究的方法	1 分	
	掌握选题价值的思考维度	1 分	
	掌握纪录片素材挑选原则	1 分	
	了解音效的分类及作用	1 分	
	掌握叙事蒙太奇的概念、特点	1 分	
	掌握纪录片的剪辑核心和特点	1 分	
	掌握纪录片的叙事结构	1 分	
	掌握三段式剪辑方法	1 分	
	掌握纪录片解说词的写作技巧	1 分	
	掌握声音剪辑技巧	1 分	
	掌握时空剪辑的概念	1 分	
	掌握时空剪辑技巧	1 分	
	掌握同期声处理方法	1 分	
	掌握对比蒙太奇、思想蒙太奇的概念及特点	1 分	

续表

评价维度	评价内容	分数	分数评定
能力培养	具备对事物较强的观察能力	5分	
	具备较强的微纪录片选题挖掘和设计能力	5分	
	具备正确收集微纪录片素材的能力	5分	
	具备较强的微纪录片剪辑结构设计能力	5分	
	具备微纪录片解说词的恰当编写和正确录制能力	5分	
	具备较强的微纪录片时空剪辑能力	5分	
	具备较强的微纪录片情感表达剪辑处理能力	5分	
	能熟练地操作 DV 倒带回放和摄像机录制效果制作技术	5分	
	具备对微纪录片剪辑进行正确评价和鉴赏的能力	5分	
	具备恰当运用所学知识剪辑其他微纪录片的能力	5分	
素养养成	能有效利用网络、图书资源查找有用的相关信息等；能将查到的信息有效地传递到学习中	2分	
	能处理好合作学习和独立思考的关系，做到有效学习；能提出有意义的问题或能发表个人见解	3分	
	能发现问题、提出问题、分析问题、解决问题、创新问题	3分	
	审美能力得到提升	3分	
	具备文化自信，具备爱国主义精神，能弘扬中国人文景观之美能，能弘扬中华优秀传统文化	5分	
	坚定制度自信，坚定理想信念	2分	
	具备辩证思维，具备专业敏锐度，具备吃苦耐劳，细心、静心、耐心的素质，具有精益求精的工匠精神	4分	
	能弘扬社会主义核心价值观，能培养影视从业者的社会责任感	5分	
	具备吃苦耐劳、合作沟通能力，具备举一反三、合作沟通的素质素养	3分	
自评分数			

二、学生互评（表 3-8）

表 3-8　组内互评表

评价指标	评价内容	分数	分数评定 1	分数评定 2
过程表现	能按时完成课前、课中、课后任务	50 分（错一处扣 2 分）		
	能积极参与讨论			
	有个人见解，善于倾听他人意见			
	能与他人合作			
	知识理解正确，并能记住			
	方法使用恰当			
	技术操作正确、规范			
作业质量	剪辑主题设计符合社会主义核心价值观	5 分		
	素材选择具有感染力	10 分		
	剪辑结构设计合理	5 分		
	解说词具有感染力，并与画面融合较好	10 分		
	时空转换技巧使用恰当，声音剪辑恰当	10 分		
	内外部节奏把握较好	5 分		
	蒙太奇应用恰当	5 分		
互评分数		（两个分数之和的平均数）		
评分人签字				

三、教师评价（表3-9）

表3-9　教师评价表

评价指标	评价内容	分数	分数评定
过程表现	能按时完成课前、课中、课后任务	50分（错一处扣2分）	
	能积极参与讨论		
	有个人见解，善于倾听他人意见		
	能与他人合作		
	知识理解正确，并能记住		
	方法使用恰当		
	技术操作正确、规范		
作业质量	剪辑主题设计符合社会主义核心价值观，有新意	5分	
	素材选择具有感染力	10分	
	剪辑结构设计合理，有创意	5分	
	解说词具有感染力，并与画面融合较好	10分	
	时空转换技巧使用恰当，声音剪辑恰当	10分	
	内外部节奏把握较好	5分	
	蒙太奇应用恰当	5分	
评价分数			
评价人			

项目四
行为引导——预告片剪辑

项目简介

从音乐短片、微电影到纪录片都需要紧紧围绕主题内涵开展剪辑工作。音乐短片强调对音乐的感受，微电影强调对人物的刻画，纪录片则强调对事物的观察和辩证思维，这些都要在剪辑中有所体现。在本项目中我们完成预告片剪辑，仍然需要紧扣主题，与此同时还需要关注市场反馈。应能够通过剪辑技术来突出"卖点"，引发消费者产生购买或认同的行为。在本项目中我们将采取开放式命题，选择自己擅长或热爱的领域中的一个活动为题，充分了解预告内容的有效信息，结合消费心理，训练引发行动的剪辑能力。在本项目实践过程中将训练预告片的编辑思维，强化用户消费心理的洞察能力，运用剪辑技巧渲染"卖点"，达成宣传广告的目的，并能举一反三，剪辑不同类型的预告片。

项目描述

以你擅长或热爱的领域的活动（或展览、节目、赛事等）为对象，开展消费洞察，优化"卖点"，完成 2~3 分钟预告片的剪辑。要求能抓住消费心理，能引发消费行为。

学习目标

一、知识目标

1. 了解预告片的概念、特点和分类；了解卖点的概念；了解刺激－反应理论；了解广告文案的概念；了解快慢节奏的概念；了解影视作品类型的变化。

2. 掌握分析消费心理的方法；掌握调研方法；掌握预告片的剪辑核心和特点；掌握预告片音乐选择技巧；掌握"滑梯效应"的营销原理；掌握"滑梯式"叙事结构；掌握预告片素材选择原则；掌握广告文案的核心；掌握预告片文案写作技巧；掌握快慢节奏剪辑技巧；掌握积累、重复蒙太奇的概念及特点；掌握积累、重复蒙太奇的剪辑技巧。

二、能力目标

1. 具备对消费的基本洞察能力。

2. 具备较强的对预告片卖点的优化能力；具备较强的预告片剪辑结构设计能力；具备在预告片剪辑中正确挑选素材的能力；具备较好的预告片文案写作能力；具备较好的基于消费心理处理剪辑节奏能力；具备较强的预告片消费引导剪辑能力；具备熟练处理预告片视觉特效的能力。

3. 具备对预告片剪辑进行正确评价和鉴赏的能力；具备恰当运用所学知识剪辑其他预告片的能力。

三、素养目标

1. 提升审美能力和人文素养；培养文化自信；厚植爱党爱国情怀；培养民族自豪感；弘扬中华优秀传统文化；坚定"四个自信"。

2. 培养吃苦耐劳、勇于奉献的革命精神；培养积极向上的乐观精神。

3. 培养辩证思维；培养精益求精的工匠精神。

4. 弘扬社会主义核心价值观；培养影视从业者的社会责任感；深化职业理想。

5. 培养举一反三、合作沟通的能力。

知识准备

一、知识概念

（一）卖点优化

1. 预告片的概念、特点

预告片最初特指电影未上映之前，挑选出该影片的精彩内容重新编辑，达到宣传和营销目的的影片。随着5G时代的数字化进程和自媒体的迅速发展，预告片不再只是为电影宣传服务。各类活动为了使目标受众接收到有效信息而引发行动，都纷纷利用媒体发布预告片。预告片时间长短随具体内容而定，但不宜过长，主要起到告知与提醒的作用。它与广告最大的区别就在于时间、地点等信息。预告片一定包含参与时间和地点的内容，例如展览的具体开展时间、地点，活动的具体开始时间、地点等。而广告主要针对产品的销售或企业文化的认同，没有时间和地点的制约。总之，预告片既是一种艺术形式，同时又兼具营销传播的特点。

2. 预告片的分类

预告片主要包括影视预告片和活动预告片。影视预告片包括电影预告片、电视剧预告片、电视节目预告片等；活动预告片包括展览预告片、演出预告片、体育赛事预告片、电子竞技预告片等。

3. 预告片的广告属性

预告片从表面上看，主要起到提醒告知的作用，实际目的是吸引受众到现场参与或及时收看，从而使从心理的关注转化为实际消费行动，例如车展活动的预告使观众来到现场观看；电影预告使观众走进电影院消费等。简而言之，预告片就是所预告主体的广告。它是一种经济现象，具有一切经济活动所具有的投入产出特征。预告片向观众传播主体的内容、参与人员、时间地点等信息，这些信息都是经过精心设计的，目的是通过这些告知性的信息最终起到劝服消费的作用。因此，预告片的本质就是广告，而预告片的传播就是一种营销活动。

4. 卖点的概念

卖点是商品所具有的前所未有或与众不同的特色与亮点，能够满足目标受众群体的消费需求或引导消费者的消费意识和消费行为。在市场商品同质化竞争日趋激烈的形势下，商品的卖点尤为重要。它实际上就是劝服消费者购买、认同、参与的一个理由。因此，找准卖点是宣传营销的关键点。

5. 消费心理

在消费过程中，人们通常会经历观察认知、情感体验、决策购买的过程。在从认识、了解到认同的过程中的心理特征与心理活动称为消费心理。上文提到的卖点是给消费者的一个消费理由，那么理由是否足够充分，就要看理由是否精准匹配消费心理。因此，洞察消费心理能够最大限度地优化卖点，避免无的放矢。例如，曾经有一款通心粉为给消费者提供更大的方便，免费增加了洋葱包，可是销量很差，没多久就下架了。后来，人们经过调查走访才发现，消费者不购买增加了洋葱包的通心粉，是因为要亲手将洋葱放入食物。他们认为完全没有自己亲手制作的环节，这道食物就完全没有了爱的意义。

（二）结构设计

1. 滑梯效应

滑梯可能是我们每个人都曾经玩过的娱乐设施，当你坐上去往下滑的时候，会一滑到底，停不下来。这个现象在心理学中称为"滑梯效应"。如果我们创作的文案也能像滑滑梯那样，每一句话每一行字都能引发好奇，让读者一读到底，产生"阅读重力"效果，那么这就是"滑梯效应"。同理，在预告片中，观众看了开头就止不住一直看到结尾，这就是一种"滑梯效应"。其作用就是激发观众看下去的兴趣。例如，根据《山海经》改编的动画电影《山海经之小人国》，在其预告片中首先弹出的字幕是导演的名字，观众突然发现导演与编剧全都是西方人，"他们会把中国经典改编成什么样子？""他们会有效表达我们的中华文化吗？"等问题从预告片开始就让观众不知不觉地坐上了滑梯，

情不自禁地观看下去以得到答案。

2. 预告片剪辑的核心和特点

预告片剪辑的核心是营造叙事张力，也就是把控推出卖点与消费行动之间的弹力，即消费需求与满足需求、制造需求与接受需求的弹力。例如，你是体育项目的爱好者，我实况转播该体育项目的重量级赛事，这是满足你的需求。例如，我告诉你，彩妆不仅可美化形象，更重要的是改变精神状态，成就更好的你，这是制造了一个需求，而你接受、认可这个需求。在剪辑时，需要把需求方有什么需求、满足需求方如何满足需求之间的关系恰到好处地展现出来，形成弹力。因此，预告片的剪辑要始终围绕 "痛点＋卖点"。痛点是表达对消费对象这个群体的了解，知道他们的烦恼、喜好和需要。卖点是你的预告信息。痛点与卖点之间的关系就是，你知道消费者有什么需求，更重要的是你能够满足这一需求。如果用文学手法做比较，就相当于边叙边议。就像电影《哪吒之魔童降世》预告片中，哪吒 "生而为魔"，但心中却是 "我命由我不由天" 的霸气抗争，一方面有人千方百计想置哪吒于死地；另一方面哪吒认为 "我的命我自己说了算"，叙事张力不断累积，直击观众心底，引发思考，产生共鸣。

（三）素材选取

刺激－反应理论是美国行为主义心理学奠基人华生 20 世纪初期在巴甫洛夫条件反射实验的影响下所提出的。他认为，人的行为是受到刺激的反应。他把人类的复杂行为分解为刺激和反应两部分。这个理论与预告片剪辑有着密切的关系，剪辑时要注意在预告片中注入相应的刺激物来引发观众对预告主体的关注，从而产生相应的消费行为。而这种刺激物往往是观众非常感兴趣的内容。如电影《复仇者联盟》用特效炫酷的场面或主人公结局的悬念作为预告片内容，这就是很好地吸引观众兴趣的刺激物。

（四）配文初剪

1. 文案

文案是指以文字呈现的创意策略，来源于广告行业，指的是广告文案。它有两个方面的含义：一方面是包括标题、正文、口号在内的文字撰写；另一方面是对创意策划的整体设计。也就是说一个广告的文字内容是文案，整个创意策划也是文案。

2. 广告文案

上文讲到广告文案既是文字内容也是策划。实际上，文字内容就是促使消费者达成认同的理由，而策划就是说服消费者的方法。例如，"人民币一块钱还能买点什么？或者，可以到老罗英语培训听八次课。"这个广告的文字内容就是让消费者消费的理由。再如，每日优鲜做过一次广告：有生活场景的家人式情话。它瞄准的目标群体是有家庭生活的年轻夫妻，所以，在这套文案里，你能看见日常家庭生活的场景，那种相濡以沫、互相陪伴的家庭生活景观被描绘了出来。"不爱包浆的核桃，只想闻你手腕上的沉香，不屑唐朝的瓷碗，只想尝你熬的汤""想把西瓜最中间那一口给你，这就是我的心意"。这套文案把空洞的 "我爱你" 具象为生活中的点滴行为的 "我爱你"，说服消费者认同每日优鲜的观点与理念从而引起购买行为。

3. 预告片文案写作特点

预告片文案写作需要用到很多修辞手法，如西海美术馆的首次画展预告片文案 "以艺术之名，掀起艺术巨浪"、纪录片《生活万岁》预告片文案 "由丧而暖，由丧而然" 等。在进行预告片文案写作时，使用对偶，可以让节奏有韵律，给人美感，便于记忆。使用双关，可以让观众读出不同的意思，回味悠长。使用对比，可以给人深刻的印象。使用设问，可以激起观众的思考，增强感染力。下面请仔细体会《航拍中国》第三季预告片的文案：总有一些美好值得期待，一分钟，等云开雾散，日照金山；一季秋，待禾谷飘香，大雁南飞；一百年，平地高楼，从执子之手到万家团圆；亿万载，深海化作高山，云雨周而复始，冰火可以相容。从很久以前，到此时此刻。自然最有耐心，它用曲线规划山海，用山海孕育生命。我们迫不及待，以直线跨越深邃，以深邃创造文明，以文明探寻天地轮回、宇宙洪荒。远离地面，和我们一起飞上云霄！河流的咆哮可以响彻天地，丛林的风雪掩不住蓬勃的生机；一束光芒也能洞穿险阻，一丝红线牵起山两边的姻缘；在特别的时刻，黄沙与白雪偶遇，欢乐扑面而来。在严寒中前行总有温暖相伴，在夜空下生活也会灯火灿然。大地的巨浪还在汹涌，云天之外，远方已在身旁。你见过什么样的中国？《航拍中国》第三季一同飞越重磅上线！

（五）节奏调整

快节奏剪辑是近年来很多商业动作大片青睐的手法。在生活节奏快的时代，人们往往喜欢快节奏的剧情。快节奏剪辑就是通过把握情节内容，在内外节奏的处理上加快进度，要么在叙事上抽离很多不必要的情节内容，要么在摄像运动或镜头剪辑上打造快的感受；而慢节奏剪辑则一般用于表达舒缓情绪，文艺片中用得较多。

（六）蒙太奇应用

1. 积累蒙太奇

积累蒙太奇是指将一系列性质相同或相近的镜头连接在一起，通过视觉的积累形成一种效果，起到强调作用。例如，将一些景别、运动方式等相似的镜头叠加在一起产生累积的效应，从而树立一个主题或渲染某种情绪。在生活中，我们经常把重要的事情说三遍，这就是一种通过积累渲染的强调作用。再如我们非常熟悉的元曲作家马致远创作的散曲小令《天净沙·秋思》，它将多种景物并置积累，让读者的脑海中不知不觉地浮现出一位游子骑着一匹瘦马出现在枯树之下，渲染出飘零天涯的游子在秋天思念故乡、倦于漂泊的凄苦愁楚之情。

2. 重复蒙太奇

重复蒙太奇类似于文学中的重复手法。其特点是具有一定寓意的镜头在关键时刻反复出现，以达到刻画人物、深化主题的目的。例如，电影《这个杀手不太冷》中的绿植始终贯穿全片，在情节关键点反复出现，这就是重复蒙太奇，因为它每一次出现都有不同的意义。在影片中，那盆绿植象征着两位主角的成长、陪伴，也象征着二人的自由与救赎。里昂的一生如同那盆绿植，一直生长，心向阳光，渴望自由，却又漂泊不定。影片最后里昂死去时，小女孩将绿植重新埋进了土里，让它回归生命最原始的地方，也隐喻着里昂最后的本心回归。

（七）字幕添加

预告片的字幕在叙事体系中起到不可或缺的作用，其时长较短，信息量却很大，在处理字幕时需要注意以下几个方面。

（1）关键词的提炼。预告片的字幕要提炼关键词，切忌展开阐述信息或抒发感情。这需要具备一定的文字功底，能够抓住表述内容的关键点，并将其简洁明了地呈现给消费者。

（2）基本信息要完善，如活动的时间、地点、团队、参演阵容等，是几乎每支预告片都必须涵盖的信息，预告片介绍这些信息时最常用的方法就是文字说明法。这是由文字直观、简明的特点所决定的。

（3）字幕效果要与预告片风格相符。如电影《1917》的预告片中，画面起幅是主人公在战火中拼命奔跑，镜头逐渐往后拉，出现字样"1"，主人公在"1"中继续跑，镜头继续往后拉，电影标题"1917"出现，由此把观众带入 1917 年战火连天的历史记忆。再如综艺节目《奔跑吧，兄弟》的预告片中，嘉宾说的话经常用切入切出和飞入飞出的特效体现，这能够使字幕与内容相得益彰，强化综艺效果。同时，字幕的停留与时间会在重点或趣味较浓的地方多持续一会儿，以观众能读两遍为宜。在字幕的细节处理上也要考虑突显个性。如在《奔跑吧，兄弟》的预告片中，主持人的字幕一般是加衬底的，并用不同的颜色对边框中的文字背景进行填充，由此体现该综艺节目的生动性。

二、方法工具

（一）卖点优化

1．调研的作用

调研的目的是为预告片整体策划提供前提和依据，以更好地激发创意、确定主题。调研通常可分为产品特性调研和消费心理调研。调研结果可以帮助我们更加清楚产品在竞争市场中的优、劣势，充分挖掘、分析产品的特色，以及更加贴近消费者，洞察消费心理，为创意策划提供依据。

2．调研的常用方法

对目标受众群或需要调研的对象开展调研活动的方法如下。

（1）调查问卷。这是将调研内容以问题的形式发给受访对象，收集答案进行数据分析的方法。这种方法的问题设计水平直接决定了调研结果的采用度。

（2）访问法。这是以线上联络或电话、面谈等形式开展的直接沟通的调研方法。需要提前做好访问内容的设计。同时，根据被访者的回答要能够随机应变，以获取更多有价值的内容。

（3）观察法。这是直接到现场观察被调查者的活动、行为的方法。例如，观察消费者购买产品的场景及消费者购买行动的特点等。

3．调研分析的基本内容

进行调研分析时主要从两个方面着手。第一，产品分析，主要思考预告片的主体有无同质化产品、有无竞争对手。如有，则需要做出优劣势分析。第二，受众分析，主要思考受众的年龄、喜好、梦想、生活习惯。这些有关消费者特征的信息直接关系到他们愿不愿意看你的预告片，并产生共鸣，进而认同并行动。

（二）结构设计

1．预告片的音乐选择

被誉为"中国第一剪"的著名剪辑师傅正义先生评价了预告片音乐的作用："预告片剪辑中，音乐是体现影片风格、样式的最有力的手段。"由此可见预告片中音乐的重要作用。其实无论哪种类型的预告片，其目的都是在短时间内渲染出强烈的感情，烘托氛围，刺激观众，使其对预告片主体产生兴趣。在预告片的音乐选择上，我们应从以下几个方面考虑。

（1）要符合预告片类型的风格。例如，恢宏大气的预告片通常选用交响乐，以营造一种带有史诗感的氛围。

（2）要符合预告片的整体调性。例如，节奏感强的预告片可以选择具有鼓点式节奏的音乐，当然也可以将这些类型的音乐进行组合整理，常用到的就是"管弦乐＋急促鼓点＋人声"组合，如电影《金刚川》的预告片。

（3）要符合专业领域风格。例如，冬奥会开幕式的预告片，大气、厚重，同时营造中国风的氛围，所以，茉莉花等音乐也会适时地融入其中。

（4）可多种音乐混合使用。乐器类型也是音乐类型的一种分类标准，如打击乐、管弦乐、唱诗班合唱、电子音等都是音乐的不同类型。我们可以根据预告片表达的不同层次和内容，选择合适的音乐进行剪辑组合。

2. "滑梯式"结构

在设计预告片结构的时候，需要牢牢抓住卖点。根据"滑梯效应"的启发可以设计"滑梯式"结构。第一，直截了当地抛出受众痛点，引起观众往下看的兴趣。这里的痛点是指消费者最想得到满足的需求点。第二，围绕卖点的核心内容展开阐述。第三，首尾呼应，陈述满足受众需求的事实。如在电影《金刚川》的预告片中，首先利用旁白配合画面交代故事的背景，展现修桥、护桥的志愿军人物群像，接着出现志愿军与美军激烈对抗的具有视觉冲击力的画面吸引观众往下看。最后出现双眼受伤的志愿军战士提起武器义无反顾地走向敌方的画面，接着画面黑屏，悬念停滞，使观众产生对结局的期待。

（三）素材选取

1. 预告片素材选择原则

不同类型的预告片虽然在剪辑风格上存在差异，但在素材的选择上具有共性。例如，所选择的素材一定是受众最关心的，也是预告片最重要的卖点。例如，电影预告片的素材选择一定有演员阵容、暗示故事情节的人物对白、具有视觉冲击力的场面等。在选择预告片素材时，一定要围绕卖点进行，并在剪辑过程中将卖点合理地进行夸张化表现，以达到获得最多关注的目的。综上所述，需要选择能够显示活动主题、风格的画面；选择有关活动关键点的画面；选择能够反映预告片主体的时代背景、视觉冲击力强的内容。如电影《建党伟业》的预告片，其背景音乐是激昂人心的，但是台词的音量却远高于音乐，因为那些台词都具有十分明显的时代特色，可以引起观众的共鸣，如"革命万岁""打倒溥仪"等。同时，预告片中有大量具有视觉冲击力的镜头，如宋教仁被刺杀、袁世凯做皇帝、学生游行反对"二十一条"等，这些镜头容易激发观众的爱国热忱从而产生观看行为。同时，该片的上映时间正值建党90周年，预告片充分利用社会氛围，对影片起到扩大营销的作用。另外，这部预告片同时将常见的明星阵容作为卖点，预告片中出现了大量知名演员，虽然只有短短一瞬，却已起到重要的"刺激"作用。

2. 预告片素材选择注意事项

预告片的时间较短，为了在有限的时间内吸引受众，节奏的把握非常重要，要么通篇快节奏，要么张弛有度。在进行预告片素材选择时需要注意以下几点。

（1）不宜用较长的固定镜头；

（2）不宜用与主题无关的景物镜头；

（3）不宜用表意不够明确的镜头；

（4）表达同一含义的镜头不宜重复，进行情绪渲染和特别强调的镜头除外；

（5）镜头宜多，不宜长。

（四）配文初剪

1. 预告片文案写作技巧

预告片文案的写作可以从以下3个层次考虑。

（1）预告片主体的特性描述。预告片主体本身具有很突出的特点，可以纯粹地告知主体信息，适用于预告片主体的推广阶段。如一个画展的预告，只需交代清楚画展的时间、地点，以及符合受众需求的展示内容或展示形式即可。

（2）预告片主体的作用说明。这里的作用是指预告片主体能给消费者带来什么。如对于沉浸式光影大展《梵高再现》，就可以对其作用进行突出说明。因为它不是普通的画展，而是数字化沉浸式的，视觉、听觉和嗅觉全方位的审美体验感受。再如一些活动赛事的预告片，可以通过向受众说明参与比赛能得到哪些好处来吸引受众参与。

（3）预告片主体的观点阐述。这一点跟商品广告的品牌形象、企业文化相似。它是通过向受众阐述预告片主体的观点，以塑造预告片主体的形象来吸引受众认同。如服装秀预告片，除告知服装秀的时间、地点、主题等基本信息外，一定会大手笔展现它的设计理念或价值观念，以引起受众的关注与兴趣，促使受众决定参与。

2. 预告片中文案与素材的融合

预告片文案有很多作用，如交代预告片主体的相关信息，包括主题、时间、地点、演员、嘉宾等。这些文案出现时，可以一一对应画面内容，简单直观地让受众接收信息。另外，叙事是预告片文案的另一大作用。电影预告片可以通过文案介绍精彩的故事情节，如"他面临一场挑战""她踏上未知旅途""人类将遭遇一场空前的灾难"等。在呈现这类文案的同时，直接截取电影中的精彩片段并保留声音与之配合。活动预告片则通过文案介绍活动的关键或重要的环节，展示或透露一些活动细节，同样应选取符合文案内容的、最精彩的画面予以说明，博取受众的关注与喜爱。预告片为了展示"卖点"，往往已经精心挑选了若干镜头来配合解说词，但是还有一种文案是无须画面的，可以采取黑屏配字幕的形式。如在电影《让子弹飞》的预告片中，当文案出现世界知名导演对该片的评价时，直接以白字黑底的形式展示预告片主体的含金量。

（五）节奏调整

1. 快节奏剪辑技巧

随着生活节奏的加快，人们越来越青睐快节奏的视频效果。快节奏剪辑技巧主要有以下7个。

（1）使用高剪辑速率，也就是快速切换镜头。

（2）多用小景镜头。在同样的速度下，景别越小，动感越强。

（3）两极镜头组接。两极镜头是指景别大小区别较大的镜头，如特写镜头与远景镜头。两极镜头交替切换会强化视觉的不稳定性，形成快的感觉。

（4）前景遮挡转场。前景的遮挡有利于加强视觉的动态感受。

（5）分剪插接。把一个动作镜头分成几段，和其他镜头交替使用。被切得比较短甚至看不清楚的视频又反复出现，可起到强化意义的作用，如形成交叉蒙太奇效果。

（6）跳切。制造快而紧张的运动镜头。

（7）多用运动镜头。甩、晃、跟等运动镜头的使用能增强视觉动感。

2. 慢节奏剪辑技巧

不是所有的视频都适合快节奏剪辑，并且快节奏剪辑往往是一种风格，不代表整个视频中都快，没有一处慢下来；否则，一旦失去了张弛有度的韵律感，也使视频没有了美感。电视节目《典籍里的中国》预告片，感受到了节奏的舒缓，这种慢节奏并没有带来乏味冗长之感。慢节奏剪辑技巧主要有以下6个。

（1）低剪辑速率，也就是尽量减少切换镜头，即减少同样时间长度内镜头剪辑的次数。将镜头的时间长度变长会给观者带来较舒缓的感觉，使视频节奏变缓。

（2）多用固定镜头。固定镜头能客观反映被拍摄对象的运动速度和节奏变化，有利于借助画框来强化动感，因此，固定镜头可以使视频节奏变慢。

（3）运动镜头速度要慢。运动镜头一般给人一种运动的节奏，因此，在视频拍摄中运用运动镜头时，一定要使其运动缓慢，以减少运动带给观众的视觉疲劳，舒缓运动镜头的节奏。

（4）在同样的速度下，用大景别的镜头。大景别的镜头能清晰地展现环境特征，因此，在同样速度的视频拍摄中，尽量用大景别的镜头表现画面内容。

（5）主体动作完整。主体动作的完整性也能在心理上给人一种较平缓的节奏感，因此，在表现较慢的节奏时可以将主体动作较完整地呈现出来。

（6）舒缓的音乐。舒缓的音乐能带给观者一定的心理暗示，起到减慢节奏的作用。

3. 软件操作演示

（1）RGB人物出场定格效果制作。在预告片剪辑创作中，当某一角色出场时，用RGB人物出场定格效果可以依照自己的设计将人物的表情或动作定格，强化角色力量。这种炫酷的出场效果在节奏变化、刺激观众方面有着独特的作用。

视频：RGB人物出场定格效果制作

操作步骤如下：

1）截取合适的画面，单击"导出帧"按钮，"格式"选择"JPEG"，如图4-1所示。

图4-1

2）通过导出路径将图片导入 Photoshop（简称 PS），并使用钢笔工具抠出人物后新建图层，创建选区，如图 4-2 所示。

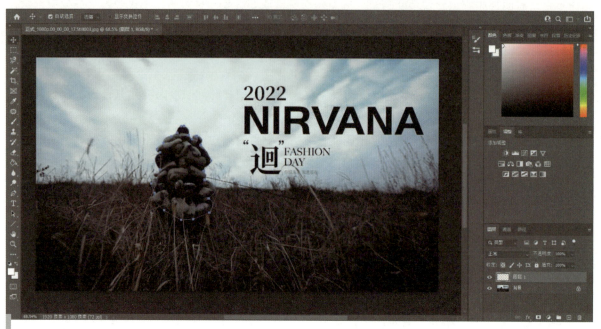

图 4-2

3）使用魔棒工具单击选区，选择"编辑"→"填充"选项，取消选区后，使用"污点修复"工具修复生硬边缘，如图 4-3 所示。

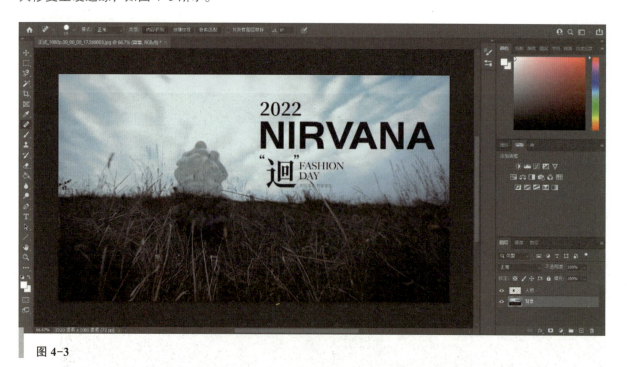

图 4-3

4）保存格式为 PSD，导入 Pr（记得改为各个图层），如图 4-4 所示。

图 4-4

5）单击鼠标右键，选择"添加帧定格"命令，如图 4-5 所示。

图 4-5

6）单击背景图层，放大后将"基本 3D"拖入背景，调整"旋转""倾斜"等数值，最后使关键帧缓入缓出（人物图层同理），如图 4-6 所示。

图 4-6

7）新建调整图层，在"效果控制"面板中搜索"VR 色差"并拖入调整图层，调整数值，最后加入变换效果，调整数值，如图 4-7 所示。

图 4-7

8）按住 Alt 键将背景图层复制后调色，如图 4-8 所示。

图 4-8

9）拖入素材，运用设置遮罩并调整数值，再运用 VR 色差并调整数值，设置缓入缓出，如图 4-9 所示。

图 4-9

10）导入素材，输入文字，可以添加线性擦除效果以使过渡自然，最终效果完成，如图 4-10 所示。

图 4-10

视频：人物定格描边
效果制作

（2）人物定格描边效果制作。在预告片剪辑创作中，需要告知受众一些重要信息。如果是人物信息，如姓名、职业等，为了提高视觉冲击力，可以使用定格描边的效果对信息进行强化。如果是其他信息，也可采用这种定格描边效果，可灵活运用。

操作步骤如下：

1）在需要人物介绍定格的位置，用鼠标右键单击素材，在弹出的快捷菜单中选择"添加帧定格"命令，如图 4-11 所示。

图 4-11

2）按住 Alt 键复制一层帧定格素材到上方。在"效果控件"选项卡中选择"不透明度"→"钢笔"工具，将人物抠出来。设置"蒙版羽化"为 0，"蒙版扩展"为 −2，如图 4-12 所示。

图 4-12

3）选择上方抠好的视频，单击鼠标右键选择"嵌套"选项。在效果面板中搜索"效果"→"径向阴影"，调整自己喜欢的阴影颜色。将"不透明度"调整为 100%。单击"径向阴影"按钮，移动光源锚点，调整光源位置，适当调整投影距离，如图 4-13 所示。

图 4-13

4）给 V1 轨道的素材添加高斯模糊，将"模糊度"调整为 35 左右。勾选"重复边缘像素"复选框，如图 4-14 所示。

图 4-14

5）将嵌套序列拖到 V3 轨道。在项目面板新建颜色遮罩，选择合适的背景颜色拖入 V2 轨道。给嵌套序列位置打上关键帧，让人物形成一个向右移动的效果，如图 4-15 所示。

图 4-15

6）用"文字"工具打上人物名字，放到嵌套序列下方。嵌套序列可以再往上移动到轨道，这样文字可以从人物后方出现。在"效果控件"选项卡中选择"文本"→"变换"选项，创建位置关键帧，添加一个从左向右移动的关键帧，如图4-16所示。

图 4-16

（3）视频变速效果制作。视频变速效果可以在预告片剪辑中起到较强的视觉冲击力，也是目前常用的一种视频特效。它常常应用于运动长镜头，可以在某个时间点突然将视频放慢或加快，通过改变视频的节奏，起到强调、突出的作用。

操作步骤如下：

1）单击鼠标右键，在弹出的快捷菜单中选择"显示剪辑关键帧"→"时间重映射"→"速度"选项，如图4-17所示。

视频：视频变速效果制作

图 4-17

2）按住 Ctrl 键添加关键帧，向上移动时间线就是加速，向下移动时间线就是减速。向上移动显示 675% 就是加快 7 倍，如图 4-18 所示。

图 4-18

3）左右拖动关键帧可以形成坡度变速，让变速更加顺畅，如图 4-19 所示。

图 4-19

（4）穿越感模糊效果制作。当一个物体极其快速地运动时，会产生一种模糊的效果。在预告片的剪辑创作中，可以利用这种效果来强化主体的速度感、运动感，营造氛围。

视频：穿越感模糊
效果制作

操作步骤如下：

1）单击鼠标右键更改速度"持续时间"，将速度调大，将"时间插值"改为"帧混合"，如图4-20所示。

图 4-20

2）效果完成，如图4-21所示。

图 4-21

（六）蒙太奇应用

积累蒙太奇剪辑技巧如下：

（1）首先要思考清楚想通过积累蒙太奇营造的情绪或意境是什么，然后把与此内容、性质、景别、运动速度、运动方向大致相同的镜头进行组接，这是经常采用的剪辑方法，如电视节目中即将揭晓正确答案前，会剪辑观众或评委紧张期待的表情。

（2）积累蒙太奇的剪辑并不要求所用镜头一定要具备时间、空间的联系，只要它们表达的意思是统一的，就可以把它们组接起来，即每一个镜头的实际意义并不重要，而是通过画面的组接产生一个重复、突出的综合效应，造成一种情绪和形象不断积累高涨的总印象。如前面提到的《这个杀手不太冷》中的绿植即是如此。

（七）视觉特效制作

1. 软件操作演示

（1）轨道遮罩与纹理效果制作。使用轨道遮罩效果可以让轨道上的某些区域变透明，从而显现出另外一条轨道上的画面。基于这个原理，在进行剪辑创作时可以合理地将任何素材、纹理进行填充，使字体与背景素材融合。电影《1917》片头字幕就采用了这种方式，再配合锚点与关键帧制作出效果。

视频：轨道遮罩与
纹理效果制作

操作步骤如下：

1）新建字幕，设置好属性，拖入视频上方，如图 4-22 所示。

图 4-22

2）在"效果控件"选项卡中搜索"轨道遮罩键"，拖至下方素材轨道，调整属性，遮罩轨道选择"视频 2"（此处字幕是 V2 轨道，故选择"视频 2"），如图 4-23 所示。

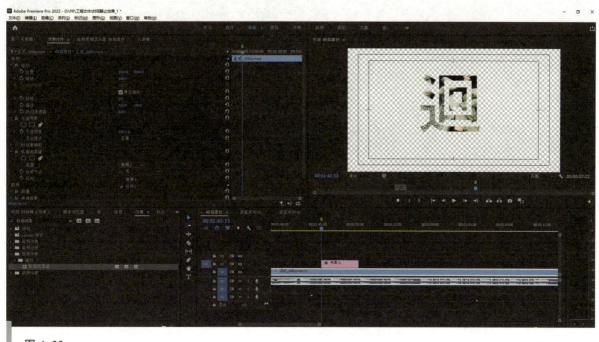

图 4-23

3）选中字幕，单击"运动"按钮，将锚点定位在想让画面最开始出现的位置，随后添加缩放关键帧，拉大画面，根据自己所需，在后面合适的位置再添加关键帧，让画面缩小为正常尺寸，如图 4-24 所示。

图 4-24

4）用鼠标右键单击关键帧，设置缓入缓出效果，如图 4-25 所示。

图 4-25

5）效果完成。让纹理填充到文字中，其原理与案例中将下方的素材填充到文字中是一样的，如图 4-26 所示。

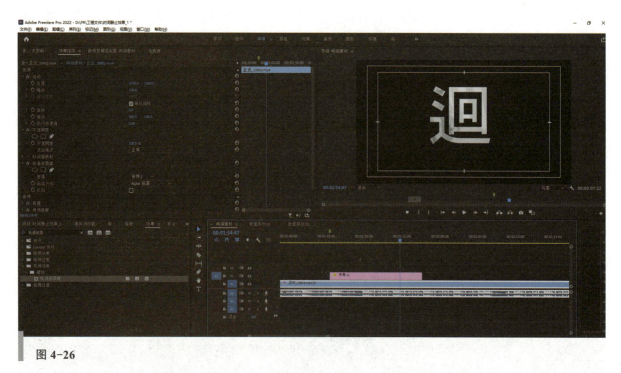

图 4-26

（2）RGB 色彩分离效果制作。RGB 色彩分离效果通常会让原本正常的画面出现大片单色或使色

彩间产生明显的分界线，这种效果极具个性，凸显时尚，可应用于人物、文字
等多种场景。

操作步骤如下：

1）把想要出现效果的那一段画面按住 Alt 键向上复制 3 份，如图 4-27
所示。

图 4-27

2）在"效果"面板中搜索"颜色平衡"，将"效果平衡（RGB）"拖到复制的 3 个素材上，如
图 4-28 所示。

图 4-28

3）在"效果"面板中搜索"变换"，分别拖到复制的三个素材上，如图 4-29 所示。

图 4-29

4）进入"效果控件"选项卡，首先调整视频的"颜色平衡"，设置"红色"为 100，"绿色"为 0，"蓝色"为 0，选择"不透明度"→"混合模式"→"滤色"选项，如图 4-30 所示。

图 4-30

5）选择复制的第二段视频，设置"红色"为 0，"绿色"为 100，"蓝色"为 0。选择"不透明度"→"混合模式"→"滤色"选项，如图 4-31 所示。

图 4-31

6）选择复制的第三段视频，设置"红色"为 0，"绿色"为 0，"蓝色"为 100。选择"不透明度"→"混合模式"→"滤色"选项，如图 4-32 所示。

图 4-32

7）调整第一段视频变换效果下的缩放关键帧。画面开始为100，隔1~2秒调整到120左右，再间隔1~2秒调整到100，如图4-33所示。

图4-33

8）调整第二段视频效果下的缩放关键帧。画面开始为100，隔1~2秒调整到130左右。如果需要多闪烁几次就重复该步骤，如图4-34所示。

图4-34

9）调整第三段视频效果下的缩放关键帧。画面开始为 100，隔 1~2 秒调整到 140 左右，重复该步骤，如图 4-35 所示。

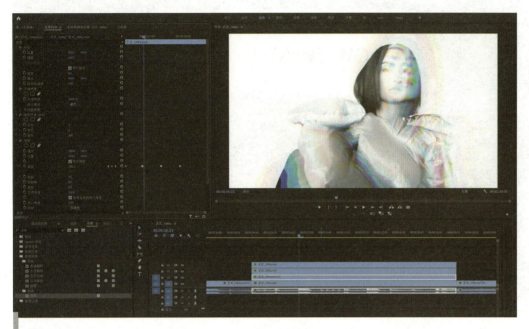

图 4-35

（3）书写字体效果制作。书写字体效果与我们在音乐短片剪辑中学习的打字机效果类似，只是把打字机换成手写，它会再现一笔一画写字的过程。结合字体的气质使用书写字体效果，可以突出视频的主题、风格，也能给观众一种参与感。

视频：书写字体效果制作

操作步骤如下：

1）选择"文本"工具，单击右上角预览窗口，输入文字标题，如图 4-36 所示。

图 4-36

2）全选字体，选择合适的字体样式及颜色，放在画面中合适的位置，如图 4-37 所示。

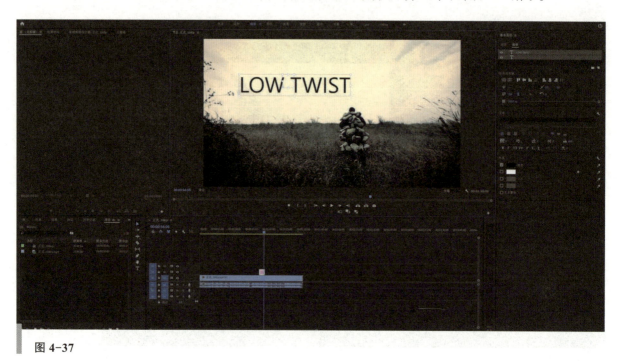

图 4-37

3）在"效果"面板中搜索"书写"效果，拖到字幕层上，如图 4-38 所示。

图 4-38

4）适当增加笔画大小，使其可以覆盖文字的笔画，调整到书写开始的位置，如图 4-39 所示。

图 4-39

5）在"效果控件"选项卡中进行书写，在画笔位置打上关键帧，从文字最开始的位置每隔 2~3 帧调整位置，持续打关键帧，直到书写完成，如图 4-40 所示。

图 4-40

6）在绘制样式中选择显示原始图像。完成书写效果，如图 4-41 所示。

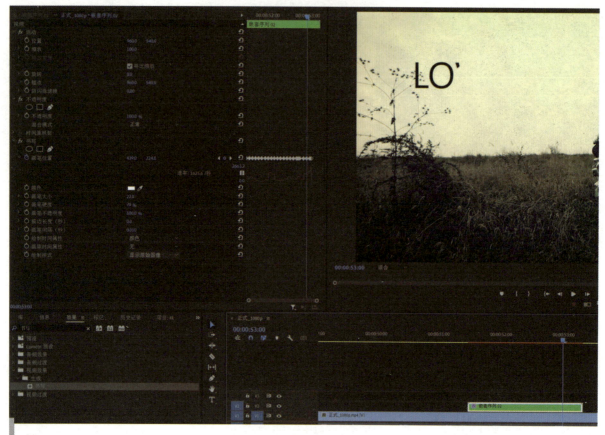

图 4-41

三、素养养成

（一）卖点优化

（1）预告片的卖点一定是基于受众特点，满足受众需求的消费点。因此，我们在优化卖点的过程中，切不可只管预告片主体的特点，而忽略了消费者。因为预告片的广告属性决定了预告片的目的是引导认同并引发行为。如果对预告片受众没有进行分析与了解，其结果只能是鸡同鸭讲，白费力气。这让我们联想到《庄子集释》卷六下《外篇·秋水》北海若曰："井蛙不可以语于海者，拘于虚也；夏虫不可以语于冰者，笃于时也；曲士不可以语于道者，束于教也。"意思是："对井里的蛙不可与它谈论关于海的事情，这是由于它的眼界受到狭小居处的局限；对只活一个夏天的虫子不可与它谈论关于冰雪的事情，这是由于它的眼界受到时令的制约；对见识浅陋的人不可与他谈论关于大道理的问题，这是由于他的眼界受到所受教育的束缚。"这使我们不得不感叹中国文化的博大精深，我们要不断提升人文素养，树立文化自信，并致力于弘扬中华优秀的传统文化。

（2）2022 年 2 月 4 日，北京冬奥会正式开幕。开幕式中我们看到最大的变化是"更温暖、更从容、更简约"，如将传统中熊熊燃烧的奥运之火幻化成雪花般圣洁、灵动的小火苗。其实这一创意来自低碳环保理念。我们在以后的工作过程中，一定要紧抓热点、不断学习、开拓思维，让更好更多的创意呈现在银幕上。同时，也要践行国家提倡的低碳理念，爱党爱国，以身作则。

（3）北京冬奥会开幕式在技术层面有很多世界之最。例如，世界最大的8K超高清地面显示系统，它有近60米高、20米宽的LED屏，名为"冰瀑"。我们知道随着国家的快速发展，影视行业的技术变革也是日新月异，如技术人员用数字影像的手段展现的"冰立方"就惊艳了世界。因此，同学们一定要利用在校园的大好时光努力读书，学更多的知识丰富自己，跟上时代的脚步，深化职业理想，做优秀的社会主义建设者和接班人。

（4）奥林匹克广播服务公司首席执行官对北京冬奥会开幕式评价道："不仅关注技术，真正震撼世界的，其实是张艺谋所讲述的中国故事和人类故事。我们使用技术讲述人类社会具有温度的故事，这是一个创新，也是未来16天北京冬奥会要做的事情。"我们在开幕式上看到一个"致敬人民"的行为表演，没有人唱歌跳舞，只有普通人在现场行走。总导演张艺谋说，这些图片都是精心挑选的，所表现的就是人民，普通人，全世界各国的人民，体现人类命运共同体。我们在工作过程中，要积极思考，站位要高，从更广阔的视野剪辑作品，积极践行社会主义核心价值观，将昂扬的力量传递给更多人。

（5）在调研的时候，要力求实事求是，养成求真务实的工作作风；要善于合作，有效沟通，提高职业素养。

（二）结构设计

（1）《哪吒之魔童降世》讲述了哪吒虽"生而为魔"却"逆天而行斗到底"的成长经历。我们可以通过影片认识到矛盾的同一性与斗争性，如哪吒与敖丙是朋友关系还是敌人关系？英雄与恶魔、朋友与敌人其中一方不存在，另一方还会存在吗？在观影的时候不应只停留于剧情本身，还要通过辩证的方法看待问题，学会感悟矛盾，积累哲学智慧。

（2）在影片中太乙真人说过一句台词"哪吒的命，就是不认命"，当在生活工作中遇到困难时你会怎么做呢？摔倒后选择"躺平"还是咬牙爬起来继续战斗？我们一定要具备和养成面对困境的勇气，要勇于战胜挫折和困难，养成积极向上的乐观态度。

（3）在生活中，我们每个人都有顺境和逆境，我们要有福祸相依的豁达和居安思危的警觉；我们的祖国虽日益昌盛，但也有风险，我们和我们的祖国紧密相连，我们要增强忧患意识和风险意识，因为我们每个人都正处于"百年未有之大变局"中。有国才有家，我们要热爱祖国、建设祖国，做合格的中国人。

（4）中国神话故事源远流长，《山海经》中就有许多中国神话的影子，这是世界上最早用文字记载神话故事的典籍，独一无二。近年来包括好莱坞在内的诸多影业改编、拍摄中国的神话故事在全球放映，一方面说明了中国神话的独特魅力，另一方面也说明我们作为影视从业者没有注意到这块重要的文化瑰宝。我们在以后的工作中，要大力弘扬优秀的传统文化，让文化的光芒照耀世界。

（5）在确定结构的时候，要旁求博考，力求实事求是，养成求真务实的工作作风；在设计剪辑结构的过程中，要多方探究，养成合作沟通的职业素养。

（三）素材选取

（1）清末民初，国家千疮百孔，内忧外患，《建党伟业》预告片中出现的宋教仁被刺杀、袁世凯做皇帝、学生游行反对"二十一条"等场景都是那个时代的缩影。在民族危亡之际，中国共产党所起到的作用有目共睹，时至今日我们依然在不停地印证中国共产党在国家危机之时的重要性。我们不仅要牢固树立爱党信念，更要以国家崛起为己任，在党的政策指导下实现自身的长远发展。

（2）在国家危难之际，无数革命先烈挺身而出，奋起反抗救中国，也有无数仁人志士矢志不渝地探索救国救亡之路，几十年的艰辛历程换来如今的繁荣昌盛，历史已经一次次证明没有共产党就没有新中国。我们要进一步坚定"道路自信""制度自信"，并学习共产党员这种勇于奉献的革命精神。

（3）近代的中国史是一部屈辱史，也是一部血泪史。无数的革命先烈前赴后继，壮烈牺牲，换回今日的和平安定。我们一定不要只是着眼于未来，要以史为鉴，要铭记历史，勿忘国耻！也要学习先辈们伟大的家国情怀。

（4）在挑选素材的时候，要打开思路、积极探究素材的来源、分类，合理运用思维导图激发灵感，提高创造力，在探究过程中，我们也要注意交流的方式方法，养成良好的合作沟通的职业素养。

（四）配文初剪

（1）《航拍中国第一季》预告片展现了中国东南西北中截然不同的地形地貌、气候环境、自然生态，我们跟随镜头从空中俯瞰祖国，它立体化地展示祖国的历史人文、地理风貌及社会形态。我们在工作过程中，要把美丽中国、生态中国、文明中国通过不同的视角去呈现，与世界分享中华文明的博大精深。

（2）《航拍中国第二季》预告片使用了无人机、载人机和轨道卫星进行多层次影像呈现，也使用VR摄像机在平面影像上进行特效呈现，这种高科技的拍摄手段日新月异，我们一定要努力学习，跟上时代的脚步，钻研技术，提升技艺，精益求精。

（3）《航拍中国第三季》采用"一镜到底"场景飞行拍摄等手法，我们在关注学习这种技术的同时，也应该关注画面内容本身所呈现出来的力量，它不仅展示了中国美丽的自然景观和丰富多彩的生态环境，更彰显了中国经济建设的辉煌成就。我们在感受伟大成就的同时更要坚定"四个自信"，努力奋斗，乘风破浪。

（4）在编写解说词过程中，要围绕要点进行，同时应该注意文案与素材的融合，小组成员可以互相探讨，互相学习，注意交流的方式方法，养成良好的合作沟通的职业素养。

（五）节奏调整

（1）中华文明源远流长，文化典籍则是一个洞悉中华文明的重要窗口。《典籍里的中国》节目聚焦优秀中华文化典籍，通过时空对话的创新形式，以"戏剧＋影视化"的表现方法，讲述典籍在五千年历史长河中的源起、流转及书中的闪亮故事。我们在观看案例，学习知识的同时，也应该深刻洞察中华优秀传统文化与中华民族发展的内在关系，进一步增强文化自信。

（2）当代大学生在中华优秀传统文化的学习上不够深入，我们在赏析《典籍里的中国》节目时，除自觉传承中华文化的多样性和丰富性外，更应该利用影视从业者的优势，利用剪辑对中华优秀传统文化作出新的判断、新的概括和新的定义，大胆创意，合理设计，为优秀传统文化赋予崭新的时代内涵。

（3）人物瞳孔转场的特效制作需要细心、耐心，每一帧的打点都要精益求精，这样做出来的效果才足够顺滑、流畅。

（4）在探究合理运用特效的过程中，也要注意交流的方式方法，养成良好的合作沟通的职业素养。

（六）蒙太奇应用

（1）《天净沙·秋思》是元曲作家马致远创作的散曲小令。此曲以多种景物并置，组合成一幅秋郊夕照图，是积累蒙太奇的一种直观体现。而在词句的锤炼上，此曲用字之简练已达到不能再减的程度。用最少的文字来表达丰富的情感，正是此曲在艺术上取得成功的原因之一，也是中国文学的抒情性特点。在剪辑创作中，要注意把握"精"，而不在于"量"，不断提高审美和人文素养。

（2）人们总说"艺术来源于生活又高于生活"，我们通过查阅资料得知散曲是中国古代文学体裁之一，由宋词俗化而来，起源于民间新声，是当时一种雅俗共赏的新诗体。在进行剪辑创作时，一定要明确受众对象，素材来源于"生活"，剪辑之后又要高于"生活"，要不断培养职业素养，联系实际，方可剪辑出更加优秀的作品。

（3）在设计蒙太奇的时候，要打开思路、积极探究，在探究过程中，也要注意交流的方式方法，养成良好的合作沟通的职业素养。

（七）视觉特效制作

（1）电影《1917》以第一次世界大战为背景，讲述了 2 名英国战士为拯救 1 600 名战友，穿越战场逆行传讯的故事。这种战友情不囿于国家与时空，从我国革命先烈的英勇事迹到抗击疫情的精神传承，这种跨越生死、使命必达的精神是从未动摇的。我们在以后的工作中，不仅要学习这种不畏艰难、不怕牺牲的精神，更要把这种力量通过视频传递给更多人。

（2）当今时代，技术的革新十分迅速，作为影视从业者，一定要不断学习新技术并将其应用于剪辑创作中，不断革新并提升自身的艺术素养。

（3）制作特效时需要细心、耐心，每一帧的打点都要精益求精，这样做出来的效果才足够顺滑、流畅。

（4）在探究合理运用特效的过程中，也要注意交流的方式方法，养成良好的合作沟通的职业素养。

学习准备

一、问题思考

1. 剪辑预告片时该如何突出卖点？
2. 剪辑预告片的常用技巧有哪些？
3. 如何提高预告片剪辑的行为引导力？

二、学习材料

1. 准备好计算机并安装好 Pr 软件。
2. 纸、笔。
3. 案例资源清单。

（1）动画电影《山海经之小人国》预告片。

（2）电影《哪吒之魔童降世》预告片。

（3）电影《复仇者联盟》预告片。

（4）电影《这个杀手不太冷》。

（5）电影《1917》预告片。

（6）综艺节目《奔跑吧，兄弟》预告片。

（7）电影《金刚川》预告片。

（8）电影《建党伟业》预告片。

（9）沉浸式光影大展《梵高再现》预告片。

（10）服装秀《迥》预告片。

（11）电影《让子弹飞》预告片。

（12）纪录片《航拍中国第一季》预告片。

（13）纪录片《航拍中国第二季》预告片。

（14）纪录片《航拍中国第三季》预告片。

（15）电视节目《典籍里的中国》预告片。

三、学习分组

每组不超过 3 人，填写分组名单（表 4-1）。

表 4-1 分组名单

班级		组号		授课教师	
组长		学号			
组员	姓名	学号	姓名	学号	

任务一　预告片卖点优化

一、任务描述

以你擅长或热爱领域的活动（或展览、节目、赛事等）为对象（以下统称产品），明确卖点信息，分析用户特点，洞察消费心理。完成卖点优化设计单，见表 4-2。

表 4-2　卖点优化设计单

剪辑题目	×× 预告片剪辑		
产品分析	预告基本信息 （你所选择的领域及预告内容）	预告目标 （可参考官方资料，也可自行制定。自行制定的预告目标需与企业文化相符）	预告内容特性 （分析预告片内容的特性，包括同质化分析，找到优劣势）
用户分析	用户特点 （预告片对象的年龄、性别、特点）	用户喜好 （预告片对象的兴趣爱好、生活习惯等）	用户梦想 （预告片对象的追求、期待、梦想等）
优化卖点			

二、工作准备

1. 选择一部你喜欢的电影，观看其预告片，分析它都挑选了电影的哪些内容。
2. 关注你擅长或热爱的领域，看看有没有可以给粉丝预告的内容。

三、工作实施

（一）分析产品

问题引导 1：预告片最初是特指电影的_____短片。随着不断发展，出现了各种活动、_____、_____、节目的预告片。

问题引导 2：卖点就是指产品的_____、_____。

问题引导 3：你认为剪辑预告片时最重要的是把握什么？

_____

_____

_____

问题引导 4：通过搜集资料，明确你将要剪辑的预告片的产品信息。其可以是真实的，也可以是假设的。

_____

_____

_____

问题引导 5：通过查阅资料，尝试挖掘你将剪辑的预告片的产品与同类产品的差异。

_____

_____

_____

（二）优化卖点

问题引导 1：预告片具有_____和_____的作用。

问题引导 2：消费心理是指消费者进行消费活动时所表现出的_____与_____。

问题引导 3：我们可以通过调查问卷法、_____和_____等调研方法对产品用户进行调研分析。

问题引导 4：你用了什么调研方法分析产品用户的特点？简要阐述分析结果。

_____

_____

_____

问题引导 5：你用了什么调研方法分析产品用户的需求？简要阐述分析结果。

_____

_____

_____

问题引导6：根据产品特点与用户需求，谈谈如何优化卖点。

_____

_____

_____

四、成果展示

小组代表进行汇报。分析自己的亮点与不足。

_____

_____

_____

任务二　预告片结构设计

一、任务描述

围绕卖点，选配音乐，运用"滑梯效应"，设计预告片的剪辑结构。完成剪辑结构设计单，见表4-3。

表4-3　剪辑结构设计单

叙事划分为 ___ 个部分	时间分段	音乐选择	画面内容
第一部分 起止、内容			
第二部分 起止、内容			
第三部分 起止、内容			
……			

二、工作准备

1. 北京冬奥会预告片是从哪些方面展开讲述的？
2. 从剪辑的角度思考北京冬奥会预告片有什么特点。

三、工作实施

（一）音乐结构划分

问题引导 1：预告片剪辑的核心是营造＿＿＿＿＿＿。

问题引导 2：预告片剪辑要始终围绕＿＿＿＿＿和＿＿＿＿＿展开。

问题引导 3：给预告片的剪辑选择音乐需要考虑哪些方面？

＿＿＿＿＿＿＿＿＿＿＿＿＿＿＿＿＿＿＿＿＿＿＿＿＿＿＿＿＿＿＿＿＿

＿＿＿＿＿＿＿＿＿＿＿＿＿＿＿＿＿＿＿＿＿＿＿＿＿＿＿＿＿＿＿＿＿

＿＿＿＿＿＿＿＿＿＿＿＿＿＿＿＿＿＿＿＿＿＿＿＿＿＿＿＿＿＿＿＿＿

问题引导 4：你打算用什么音乐来剪辑预告片？为什么？

＿＿＿＿＿＿＿＿＿＿＿＿＿＿＿＿＿＿＿＿＿＿＿＿＿＿＿＿＿＿＿＿＿

＿＿＿＿＿＿＿＿＿＿＿＿＿＿＿＿＿＿＿＿＿＿＿＿＿＿＿＿＿＿＿＿＿

＿＿＿＿＿＿＿＿＿＿＿＿＿＿＿＿＿＿＿＿＿＿＿＿＿＿＿＿＿＿＿＿＿

（二）剪辑结构设计

问题引导 1："滑梯效应"又称为＿＿＿＿＿＿＿，让观看了开头就想一直往下看，像坐滑梯一样＿＿＿＿＿。

问题引导 2：简要阐述"滑梯式"结构的主要内容。

＿＿＿＿＿＿＿＿＿＿＿＿＿＿＿＿＿＿＿＿＿＿＿＿＿＿＿＿＿＿＿＿＿

＿＿＿＿＿＿＿＿＿＿＿＿＿＿＿＿＿＿＿＿＿＿＿＿＿＿＿＿＿＿＿＿＿

＿＿＿＿＿＿＿＿＿＿＿＿＿＿＿＿＿＿＿＿＿＿＿＿＿＿＿＿＿＿＿＿＿

问题引导 3：借鉴"滑梯效应"，运用"滑梯式"结构，你打算为要剪辑的预告片设计什么样的结构？

＿＿＿＿＿＿＿＿＿＿＿＿＿＿＿＿＿＿＿＿＿＿＿＿＿＿＿＿＿＿＿＿＿

＿＿＿＿＿＿＿＿＿＿＿＿＿＿＿＿＿＿＿＿＿＿＿＿＿＿＿＿＿＿＿＿＿

＿＿＿＿＿＿＿＿＿＿＿＿＿＿＿＿＿＿＿＿＿＿＿＿＿＿＿＿＿＿＿＿＿

四、成果展示

小组代表进行汇报。分析自己的亮点与不足。

＿＿＿＿＿＿＿＿＿＿＿＿＿＿＿＿＿＿＿＿＿＿＿＿＿＿＿＿＿＿＿＿＿

＿＿＿＿＿＿＿＿＿＿＿＿＿＿＿＿＿＿＿＿＿＿＿＿＿＿＿＿＿＿＿＿＿

＿＿＿＿＿＿＿＿＿＿＿＿＿＿＿＿＿＿＿＿＿＿＿＿＿＿＿＿＿＿＿＿＿

任务三　预告片素材挑选

一、任务描述

围绕卖点，对应结构，充分考虑消费心理，对预告片进行素材挑选。完成素材选择单，见表 4-4。

表 4-4　素材选择单

剪辑题目			
预告片卖点			
消费需求			
叙事张力			
刺激－反应思维导图			
素材挑选	直接的 （画面能直截了当地说明内容）	有效的 （画面是支持观点的有力证据）	冲击的 （画面具有夸张力、渲染力）

二、工作准备

1. 思考如何将卖点以可视化信息的方式给用户刺激。
2. 预告片的素材选择主要考虑用户感受还是创作者的表达？
3. 观看电影《中国机长》预告片和北京冬奥会开幕式预告片。

三、工作实施

（一）洞察消费联想画面

问题引导 1：刺激 – 反应理论来源于行为主义心理学，认为所有行为都是由_____构成的。

问题引导 2：选择素材时对刺激与反应的考虑主要源于对用户的_____洞察。

问题引导 3：结合电影《中国机长》预告片，分析预告片的素材选择原则有哪些。

_____

_____

_____

问题引导 4：结合产品卖点与用户需求，谈谈你将剪辑的预告片有哪些刺激与反应的设计点。

_____

_____

_____

（二）绘制思维导图提炼归纳

问题引导 1：一般预告片的时间都不长，因此在选择素材时也不宜使用_____或过多的赘述镜头。

问题引导 2：你怎么理解预告片的叙事张力？

_____

_____

_____

问题引导 3：拉片分析北京冬奥会开幕式预告片的素材选择，并绘制出刺激 – 反应思维导图。

_____

_____

_____

问题引导 4：根据你所设计的刺激点与反应点，绘制素材思维导图。

_____

_____

_____

四、成果展示

小组代表进行汇报。分析自己的亮点与不足。

_____

_____

_____

_____

任务四　撰写文案编辑素材

一、任务描述

根据预告片的卖点和剪辑结构，撰写文案，完成初剪。

二、工作准备

1. 下载并熟悉你所需要的素材。
2. 反复聆听你挑选的配乐，感受节奏变化。

三、工作实施

（一）按结构写文案

问题引导 1：文案既是_____，也是_____。

问题引导 2：广告文案写作有哪几种角度？举例说明。

_____

_____

_____

问题引导 3：预告片文案写作的特点有哪些？

_____

_____

_____

问题引导 4：仔细观看纪录片《航拍中国》的预告片，分析片中文案是如何围绕卖点和消费心理展开的。

_____

_____

_____

问题引导 5：根据你的剪辑结构，充分考虑用户需求与产品卖点的结合，借鉴广告文案写作的角度，完成预告片文案的撰写。

_____

_____

_____

_____

（二）依文案编素材

问题引导 1：剪辑时，素材要能够_____地呈现文案内容，不宜委婉、隐晦。

问题引导 2：仔细观看北京冬奥会开幕式预告片，分析片中文案与素材是如何巧妙融合的。

_____

_____

_____

问题引导 3：充分考虑文案的信息呈现和行为引导，把握消费心理，完成剪辑。可将你在剪辑中的经验或新发现记录下来。

_____

_____

_____

四、成果展示

小组代表进行汇报。围绕内容与结构，检查剪辑是否流畅，找出自己的亮点与不足。

_____

_____

_____

_____

任务五　剪辑节奏调整

一、任务描述

紧扣预告片卖点，根据预告片结构和文案进行快慢节奏的处理。

二、工作准备

1. 把初剪视频分享给朋友，看看是否能引起对方的兴趣。
2. 根据"滑梯效应"原理，思考节奏还有没有改进的地方。

三、工作实施

问题引导 1：快节奏能够给人_____、_____的情绪感受。

问题引导 2：慢节奏能够给人思考和_____的空间。

问题引导 3：快节奏剪辑技巧有哪些？

_____

_____

_____

问题引导 4：根据初剪效果，结合"滑梯效应"理论，考虑音乐是否需要适当编辑和调整。如果需要，请简单说明理由。

_____

_____

_____

问题引导 5：根据你选择音乐的整体节奏，调整细节的快慢节奏。可将你在剪辑中的经验或新发现记录下来。

_____

_____

_____

四、成果展示

小组代表进行汇报。紧扣主题与情感表达，检查节奏，找出自己的亮点与不足。

_____

_____

_____

_____

任务六　积累、重复蒙太奇的应用

一、任务描述

为了突出预告片卖点，引起受众的消费冲动，恰当地运用蒙太奇手法。

二、工作准备

1. 查找资料，了解积累蒙太奇与情感变化的关系。
2. 认真阅读《天净沙·秋思》并思考情感积累变化。

三、工作实施

（一）蒙太奇应用

问题引导 1：积累蒙太奇是指将一系列性质_____的镜头连接在一起，通过视觉的积累效果，起到强调作用。

问题引导 2：重复蒙太奇相当于文学中的复述方式或_____。

问题引导 3：分析《天净沙·秋思》是如何罗列相似景物来突出凄凉的感情基调的。

_____

_____

_____

问题引导 4：你的剪辑工作中哪些地方可以使用哪一种蒙太奇手法？

_____

_____

_____

问题引导 5：找到你剪辑工作中能够突出卖点，强调重要信息的地方，用一系列的形似镜头替换原有画面，调节节奏，完成剪辑。可将你在剪辑中的经验或新发现记录下来。

_____

_____

_____

（二）符号转场设计

问题引导 1：符号是具有_____又能代表_____的某种元素。

问题引导 2：找出音乐短片《我和我的祖国》的符号转场，说明它的意义。

_____

_____

_____

问题引导 3：你的剪辑工作中有没有可以使用的符号元素，进行剪辑实践试试效果。可将你在剪辑中的经验或新发现记录下来。

_____

_____

_____

四、成果展示

小组代表进行汇报。紧扣主题与情感表达，检查节奏，找出自己的亮点与不足。

_____

_____

_____

_____

任务七　视觉特效处理

一、任务描述

根据你所剪辑的预告片产品的特点，进行字幕和视频的特效处理。

二、工作准备

1. 选择 3 个以上不同产品的预告片，分析其视觉效果的处理方式。
2. 你觉得哪一种处理最佳？为什么？

三、工作实施

（一）字幕特效制作

问题引导 1：预告片字幕特效的处理需要符合产品运用场景，并起到_____作用。

问题引导 2：结合预告片卖点，你会选择哪种字幕特效？为什么？

_____

_____

_____

（二）视频特效处理

问题引导 1：预告片视频特效的处理需要符合产品运用场景，并起到_____作用。

问题引导 2：结合预告片卖点，你会选择哪种视频特效？为什么？

_____

_____

_____

四、成果展示

小组代表进行汇报。紧扣主题与情感表达，检查节奏，找出自己的亮点与不足。

_____

_____

_____

_____

拓展迁移

一、拓展知识

1. 广告的概念

广告本质上是通过一定的媒介向大众传播信息的活动，而且是一种有偿的、目的在于劝服的（商业）信息传播活动。其主要目的是把想要传播的信息传递到目标受众，并引起他们的行动。

2. 影视作品的类型

根据作品用途和内容的区别，通常把影视作品分为电影、纪录片、宣传片、广告、音乐短片、预告片等。

3. 影视作品类型的模糊化

新媒体的飞速发展使人们参与媒体信息的传播成本降低，集思广益引起的创意革命却越来越多，这就导致影视作品类型界限与以往相比模糊了很多。例如，现在出现了微电影式广告、纪录片式广告、故事型音乐短片等，影视作品的类型向多样化的方向发展。对于这些新式的类型，我们可以进行基本认识，为以后的工作奠定基础。微电影广告是指为了宣传某个特定的产品或品牌而拍摄的有情节的、时长一般为5~30分钟的、具备电影一切要素的广告。微电影广告可以增加广告本身的故事性，不仅可以更好地塑造品牌形象，还能起到"润物细无声"的作用，但它的本质依旧是广告，因为它具有明确的商业性或营销目的性。如京东手机节的《生活没那么可怕》、汽车品牌卡罗拉的《牵手》都是微电影广告。纪录片广告依然采用纪实性拍摄方法与表现形式，通常以真实生活为素材，以一种看似目的性不强、较为真诚的方式展现广告主题。如农夫山泉的《向员工致敬》即纪录片广告。故事型音乐短片如今已成为歌曲宣传的一种主要手段，其叙事风格可以增强音乐短片的观赏性、加深记忆，通过故事带入可以拉近与观众的距离，配合音乐引起思考或使观众产生共鸣，从而使歌曲与观众的交融更为密切。

4. 新媒体时代预告片的传播

预告片的广告本质和营销特性，决定了在新媒体时代背景下，预告片只要有好的创意和符合大众审美观念的题材就一定能取得良好的宣传效果。另外，新媒体互动性、分众性的特点，使预告片对营销模式的发展有着更为直接精准的影响，其受众类型比较确定，加之网络时代的到来和电子计算机的逐步普及，预告片在目标市场营销、品牌策略、电影宣传、渠道进程等各方面的问题逐渐得到解决。在传播方式上，预告片与微博、抖音等社交平台的结合，构建了立体化的传播体系。

二、素养养成

（1）随着时代的不断进步，广告形式变得越来越多样，例如，哔哩哔哩的宣传广告《后浪》以演讲的形式，在社交媒体引发刷屏；电影《小猪佩奇过大年》的预告片更是以《啥是佩奇》微电影的形式霸屏朋友圈；还有以农夫山泉为代表的纪录片广告被网友称为最美广告。这些广告始终抓住了受众群体的诉求，我们的选题也应该尽量接近人们的生活实际，以平凡人的视角切入，这样更能引起大众的情感共鸣。同时要注意价值观的引导，坚定影视从业者的社会责任感。

（2）在评价环节中，我们要提升艺术鉴赏能力，也就是审美能力。对同学们剪辑作品的价值、形式、内容等方面进行分析，并做出中肯的评价。在这个过程中，同学们也应取长补短，学习新的某种艺术形式或表现技巧。

（3）通过之前的学习与练习，我们在进行自命题预告片的剪辑设计时，要善于类推，触类旁通，把所学的知识活学活用，这样才能更好地提升自己的综合能力。

（4）在评价交流的过程中，也要注意沟通的方式方法，养成良好的合作沟通的职业素养。

三、模型演练

综合运用所学知识技能，完成自命题预告片剪辑设计单，见表4-5。

表4-5　自命题预告片剪辑设计单

预告片题目：	选择音乐：
预告片卖点：	
消费洞察：	
宣传策略：	
剪辑结构：	
绘制挑选素材的思维导图：	
简要阐述文案编写思路：	如何处理剪辑的节奏？
蒙太奇如何运用？请具体说明	有无字幕？视频特效如何处理？请具体说明
其他说明：	

评价总结

一、自我评价（表 4-6 ）

表 4-6　个人自评表

评价维度	评价内容	分数	分数评定
知识获得	了解预告片的概念、特点和分类	1分	
	了解卖点的概念	1分	
	了解刺激－反应理论	1分	
	了解广告文案的概念	1分	
	了解快慢节奏的概念	1分	
	了解影视作品类型的变化	1分	
	掌握分析消费心理的方法	2分	
	掌握调研方法	2分	
	掌握预告片的剪辑核心和特点	1分	
	掌握预告片音乐选择技巧	1分	
	掌握"滑梯效应"的营销原理	1分	
	掌握"滑梯式"叙事结构	1分	
	掌握预告片素材选择原则	1分	
	掌握广告文案的核心	1分	
	掌握预告片文案写作技巧	1分	
	掌握快慢节奏剪辑技巧	1分	
	掌握积累、重复蒙太奇的概念及特点	1分	
	掌握积累、重复蒙太奇的剪辑技巧	1分	

续表

评价维度	评价内容	分数	分数评定
能力培养	具备对消费的基本洞察能力	5分	
	具备较强的对预告片卖点优化能力	5分	
	具备较强的预告片剪辑结构设计能力	5分	
	具备在预告片剪辑中正确选择素材的能力	5分	
	具备较好的预告片文案写作能力	5分	
	具备较好的基于消费心理处理剪辑节奏能力	5分	
	具备较强的预告片消费引导剪辑能力	5分	
	具备熟练处理预告片视觉特效的能力	5分	
	具备对预告片剪辑进行正确评价和鉴赏的能力	5分	
	具备恰当运用所学知识剪辑其他预告片的能力	5分	
素养养成	能有效利用网络、图书资源查找有用的相关信息等；能将查到的信息有效地传递到学习中	2分	
	能处理好合作学习和独立思考的关系，做到有效学习；能提出有意义的问题或能发表个人见解	3分	
	能发现问题、提出问题、分析问题、解决问题、创新问题	3分	
	审美能力和人文素养得到提升	3分	
	具备文化自信，厚植爱党爱国情怀，具备民族自豪感，能弘扬中华优秀传统文化，能坚定"四个自信"	5分	
	具备吃苦耐劳、勇于奉献的革命精神；具备积极向上的乐观精神	2分	
	具备辩证思维，具有精益求精的工匠精神	4分	
	能弘扬社会主义核心价值观，能培养影视从业者的社会责任感，能深化职业理想	5分	
	具备举一反三、合作沟通的能力	3分	
自评分数			

二、学生互评（表 4-7）

表 4-7　组内互评表

评价指标	评价内容	分数	分数评定 1	分数评定 2
过程表现	能按时完成课前、课中、课后任务	50分（错一处扣 2 分）		
	能积极参与讨论			
	有个人见解，善于倾听他人意见			
	能与他人合作			
	知识理解正确，并能记住			
	方法使用恰当			
	技术操作正确、规范			
作业质量	剪辑主题设计符合社会主义核心价值观	5分		
	剪辑结构设计合理	5分		
	素材选择具有共情力	10分		
	剪辑流畅	10分		
	节奏感强	10分		
	字体选择符合主题气质	5分		
	片头字幕编排美观	5分		
互评分数		（两个分数之和的平均数）		
评分人签字				

三、教师评价（表 4-8）

表 4-8 教师评价表

评价指标	评价内容	分数	分数评定
过程表现	能按时完成课前、课中、课后任务	50 分（错一处扣 2 分）	
	能积极参与讨论		
	有个人见解，善于倾听他人意见		
	能与他人合作		
	知识理解正确，并能记住		
	方法使用恰当		
	技术操作正确、规范		
作业质量	剪辑主题设计符合社会主义核心价值观，有新意	5 分	
	剪辑结构设计合理，有创意	5 分	
	素材选择具有共情力	10 分	
	剪辑流畅	10 分	
	节奏感强，感染力强	10 分	
	字体选择符合主题气质	5 分	
	片头字幕编排美观	5 分	
评价分数			
评价人			

参考文献

References

［1］傅正义.影视剪辑编辑艺术（修订版）［M］.北京：中国传媒大学出版社，2009.

［2］周新霞.魅力剪辑——影视剪辑思维与技巧［M］.北京：中国广播电视出版社，2011.

［3］姚争.影视剪辑教程［M］.2版.杭州：浙江大学出版社，2015.

［4］（美）沃尔特·默奇（Waltre Murch）.眨眼之间：电影剪辑的奥秘［M］.2版.夏彤，译.北京：北京联合出版公司，2012.

［5］（加）迈克尔·翁达杰.剪辑之道［M］.夏彤，译.北京：北京联合出版公司，2015.

［6］（美）罗伊·汤普森（Roy Thompson），克里斯托弗·J.鲍恩（Roy Thompson）.剪辑的语法［M］.插图修订第2版.梁丽华，罗振宁，译.北京：北京联合出版公司，2013.

［7］云飞.手机短视频拍摄与创意剪辑实战［M］.北京：中国商业出版社，2021.

［8］（美）约翰·罗森伯格（John Rosenberg）.剪辑医生：让影片重获新生的创意剪辑手册［M］.2版.王天翼，施博闻，译.北京：人民邮电出版社，2021.

［9］王瑞麟.商业短视频后期剪辑技巧干货98招［M］.北京：化学工业出版社，2021.

［10］郭振元.纪录片剪辑与制作［M］.北京：中国传媒大学出版社，2019.